ナノフォトニクスの展開

ナノフォトニクス工学推進機構 編
大津元一 監修

橋本正洋
大津元一
成田貴人
黒田　亮
西田哲也
川添　忠
八井　崇
成瀬　誠

米田出版

まえがき

本書は、ナノフォトニクスに関して米田出版より発行する第三冊目の書籍です。第一冊の「ナノ・フォトニクス」（一九九九年）ではナノフォトニクスという純日本産の革新的な光技術の誕生の経緯について解説しました。まずこの技術が待望された背景、すなわち光が空間を伝搬するときに絶えず広がろうとするために（この性質は「回折」と呼ばれています）、微細な光加工や微小な光デバイス、高密度の光記録が不可能という原理的限界（回折限界と呼ばれています）があることを指摘しました。ナノフォトニクスは近接場光と呼ばれる光の小さな粒を使ってこの回折限界を打破する技術です。次にナノフォトニクスによって可能となる新しい計測、加工、光メモリなどについて、その可能性を示しました。

研究開発が進むにつれ、産業界からも有望な革新技術として次第に支持されるようになりましたので、私は一九九三年九月に産学連携の「ナノフォトニクス懇談会」の設立を提案しました。これによってナノフォトニクスという名前が大学の私の研究室から世界で初めて社会に出ましたが、これを受けて一九九四年四月にはこの懇談会が（財）光産業技術振興協会によって発足し、産業界との協力のもとにナノフォトニクスの産業応用の可能性について詳細な調査と活発な議論が行われました。

第二冊の「ナノフォトニクスへの挑戦」（二〇〇三年）ではそのような調査・議論の結果、産業界で始まった計測、加工、メモリなどの開発事業に関し、それを推進した技術者がいかに発想し、いかに苦労したかというストーリーを紹介しました。ここでこの第二冊には、ナノフォトニクスの意味をより明確に説明するために「近接場光と呼ばれる光の小さな粒を使い、その特徴を活かしてナノメートル寸法の微小な光デバイス、加工を実現する技術」と記しています。なお、第一冊では「ナノ・フォトニクス」と記しましたが、電子情報通信学会の語法に従い第二冊では「ナノフォトニクス」としました。その後、ナノフォトニクスに関連する周辺技術も世界各国で急速に普及進展しました。

第二冊の出版以降、ナノフォトニクスの技術開発はめざましく進んでいます。たとえば、計測装置はすでに実用化して広く普及しており、国際標準化の動きも始まっています。また、経済産業省と（独）新エネルギー・産業技術総合開発機構による大容量光メモリの開発事業が産学連携によって推進され、二〇〇七年三月に五年間の事業を終了しました。その成果はめざましく、中間段階での成果はすでに二〇〇五年に愛知県で開催された万国博覧会（愛地球博）に出展されました。また、二〇〇六年度より経済産業省と（独）新エネルギー・産業技術総合開発機構による光デバイスの開発事業も産学連携によって始まりました。さらには文部科学省により、微細加工の一つであるリソグラフィの装置開発が産学連携で始まりました。すでに実用化の雛形装置ができあがり、公開利用に供しています。このように多くの事業が急速に進んでいますので、これらを調整し啓蒙活動を行うために、二〇〇五年より非営利団体(NPO)ナノフォトニクス工学推進機構も発足しました。

以上のように、純日本産の物づくり事業を推進することは光技術の限界を超えるだけでなく、二十一世紀の科学技術立国としての日本を支えるのに重要ですが、同時にこれに従事する人材の育成も必須です。二〇〇六年に我が国の政府により策定された第三次科学技術基本計画では「ものから人へ」と唱い、人材育成の重要性を指摘しています。経済産業省と(独)新エネルギー・産業技術総合開発機構ではこれに呼応して、ナノフォトニクスの技術開発を先導する若手中堅技術者の育成のために東京大学大学院工学系研究科電子工学専攻にて、二〇〇六年四月より「ナノフォトニクスを核とした人材育成、産学連携などの総合的展開」プロジェクトを発足させました。同年八月にはこのプロジェクトを紹介するシンポジウムが開催されましたが、多数の企業から三〇〇名近い方々が出席され盛況でした。

第三冊目となる本書は、主にこのシンポジウムの講師の方々に執筆いただいたものです。したがって本書は、シンポジウムの内容の紹介にもなっていますし、さらに重要なことはナノフォトニクスの応用技術がどこまで達しているか、どこに向かうのかを解説しています。ナノフォトニクスは純日本産の技術であり、光技術の限界を打破します。また、その概念と基礎研究は日本が世界を先導しています。応用技術がいよいよ実用化段階を迎えるため、世界各国でも開発を進めています。それに呼応し日本の産業界でも多数の方々がさらに大きな興味をもつようになりました。このような状況に鑑み、多くの方にナノフォトニクスの動向について短時間で理解していただくことを目的として本書を企画しました。企業の若手中堅の技術者の方々、大学院学生と学部上級生の諸君のみでなく、研究開発企画担当の方に読んでいただきたい書物です。

二十世紀から二十一世紀に移る時期には日本の経済は苦しい時代にあり、将来に投資するための技術開発を犠牲にせざるを得なかった企業もありました。ようやく経済状態が好転したいま、ナノフォトニクスによっていよいよ新しい技術開発に着手し、日本の産業力を確固たるものにしませんか？　ナノフォトニクスの世界には将来に向けての宝がたくさん埋まっています。

この宝探しの一助として本書を利用していただけることを願いながら、まず第一章では上記の人材育成のためのプロジェクトの趣旨について説明します。次に第二章ではナノフォトニクスの原理について記します。その一部分は抽象的でややわかりにくいかもしれませんが、第三章以下には応用事例が具体的に記されておりますので、それらを読んでいただければ概要を理解できるのではないかと思います。

二〇〇七年三月

大津元一

目　次

第一章　ＮＥＤＯ特別講座とナノフォトニクスへの期待

橋本正洋

第一節　ＮＥＤＯ特別講座

二〇〇六年八月一日、東京大学で、あるシンポジウムが開催されました。募集人員を大きく上回り盛況となったこのシンポジウムは、「ＮＥＤＯ特別講座」という事業の一環として開催されたものです。本書は、このシンポジウムの講師陣が中心となって執筆されています。そこで、ナノフォトニクスの話に入る前に、「ＮＥＤＯ特別講座」について紹介したいと思います。

「ＮＥＤＯ特別講座」は、「イノベーティブな人材の育成」を目的とし、ＮＥＤＯの研究開発プロジェクトを核として展開する新しい試みです。その第一弾として選ばれたプロジェクトの一つが、ナノフォトニクスを中心として進められている「大容量光ストレージ技術」プロジェクトでした。ＮＥＤＯ特別講座を始めるに至った背景と、ＮＥＤＯ特別講座によるナノフォトニクスの展開をご理解いただくことで、ナノフォトニクスという技術の広がりを感じていただきたいと思います。

ＮＥＤＯ技術開発機構

ＮＥＤＯ技術開発機構は、産業技術およびエネルギー・環境分野における中核的政策実施機関として設立された独立行政法人です。正式名称を「独立行政法人新エネルギー・産業技術総合開

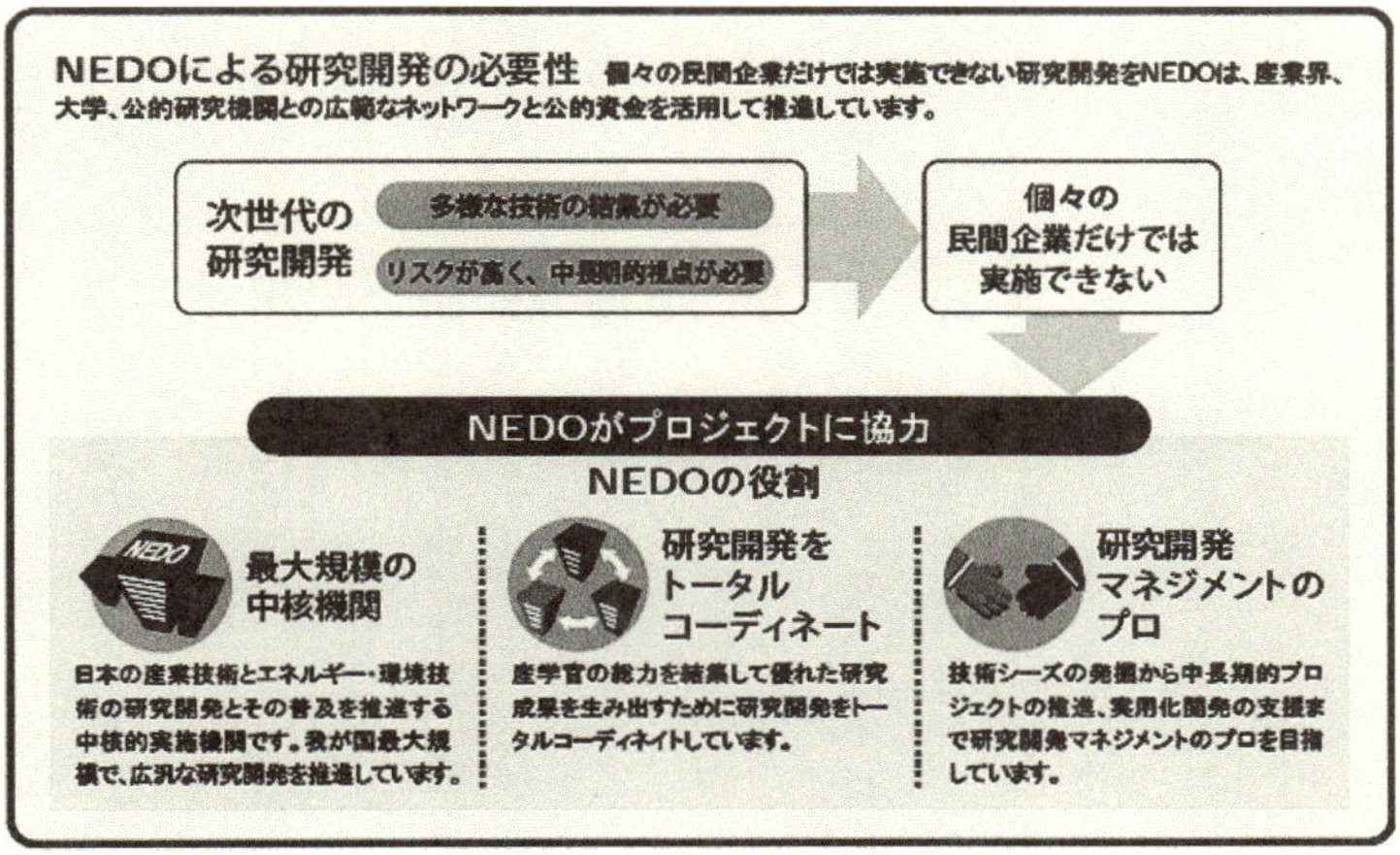

図 1. 1　NEDO 技術開発機構の役割

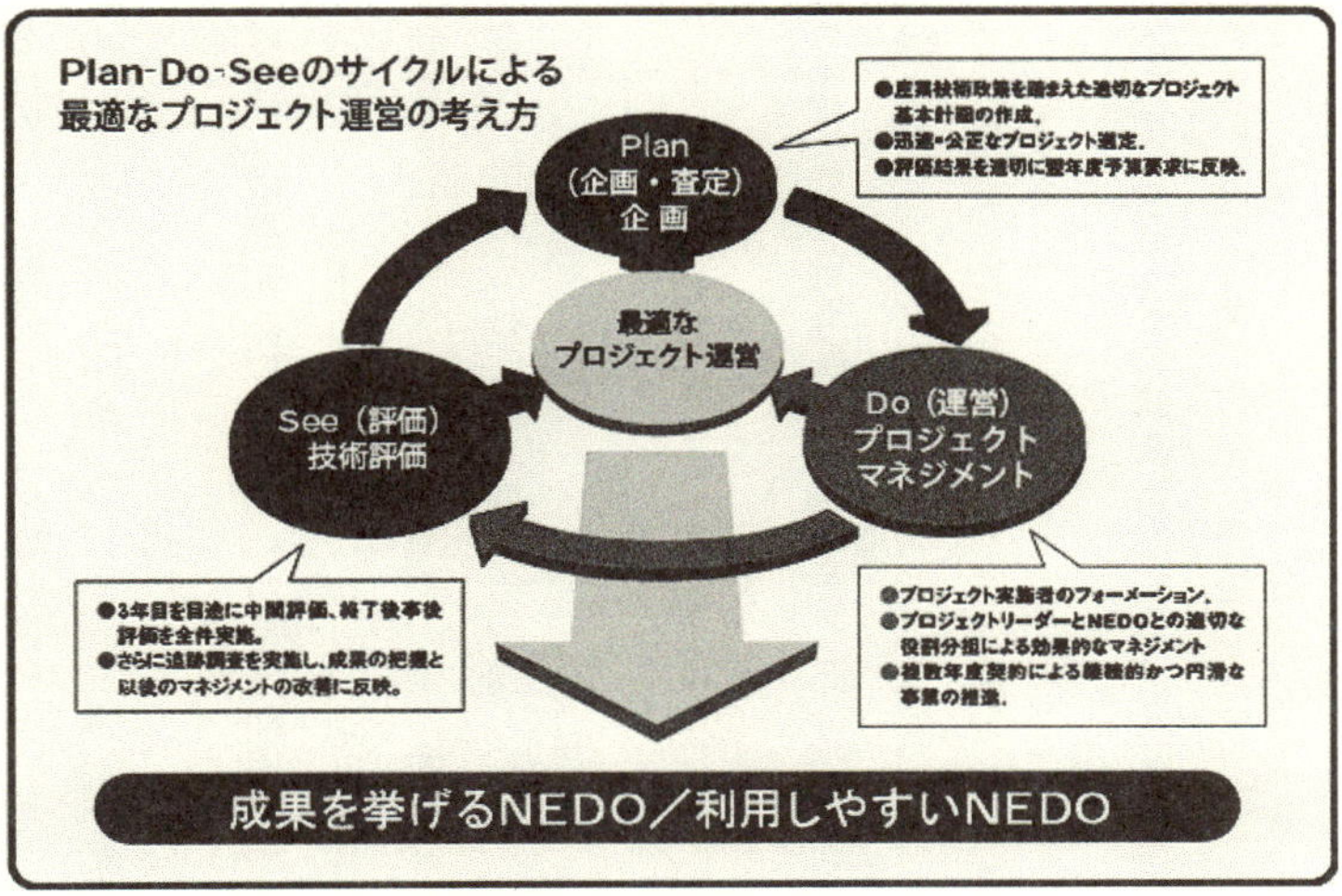

図 1. 2　NEDO 技術開発機構のプロジェクト運営

発機構」といいます。その主な使命は、我が国産業競争力の源泉となる産業技術について、産学官の総力を結集して優れた研究成果を生み出すための高度な研究開発マネジメント機能を提供することです。

ＮＥＤＯ技術開発機構では、この使命達成に向けて、「成果をあげるＮＥＤＯ」、「利用しやすいＮＥＤＯ」「わかりやすく情報発信するＮＥＤＯ」というスローガンを掲げ、日々、制度改革、業務改善に取り組んでいます。また、研究開発の現状などを把握すべく、企業や大学の先生方との意見交換を継続的に行っています。その結果、企業や大学のそれぞれが抱える課題と、産学連携へのさらなる期待が浮き彫りになってきました。

産学連携への期待と課題

企業、大学の両者から、我が国において現在取り組まれている産学連携のある部分が、期待と異なるものとなっているという意見が多く出されました。一部企業には、このままでは産学連携がその真価を発揮する前に、一過性のブームとして終焉を迎えてしまうのではないかとの危惧を抱くところもありました。

将来に向けて、企業も大学も、それぞれ課題を抱えており、その解決策として、産学連携に期待しているものの、その現状には不十分な点があるというのです。以下に整理します。

(1) 企業側の人材不足

企業は、産学連携に「サイエンス」のアプローチを期待しています。これは、九〇年代の不況により、その研究開発資源（人材・資金）を大きく製品開発・応用研究にシフトしたため、企業側に十分な基礎・基盤分野の研究開発を行う能力がなくなってきたという事情によるようです。株主重視型経営が、結果的に、中長期的視点からの基礎的な研究開発を行う体制を維持しにくい状況となったことを指摘する企業もありました。

こうした状況において、企業内の特に研究部門では、「すぐできる技術は、すぐ市場に出せるがすぐダメになる」といった形で経験論的に短期重視型の経営方針視点への危機感を有しているところもありますが、多くの企業では現実の厳しさから、長期的な研究にじっくり取り組むことができる優れた研究者を育成できる状況には必ずしもない様子です。

また、外部にそれを学ぶ場を求めても、適当な「場」もないのが実状だといいます。

(2) サイエンス側の人材不足

ＮＥＤＯ技術開発機構のプロジェクトリーダー（ＰＬ）をはじめとする大学の先生方からは次のような指摘がありました。

「現在取り組んでいる技術は、長年サイエンスから積み上げてきた研究が結実したものである。現在でこそ産業界にも評価され、実用化への動きも順調に進んでいるが、長い時間と苦労の上での成功である。しかし、こうした知見や経験を伝えるべき将来の世代の人材が質・量とも大学の内部には少ない。私はまだがんばるし、次くらいなら思い当たる人もいる。しかしその次が順調に育っているとは思えない・・・。」

ＰＬ級の優れた実績を有する研究者の研究室であっても、次代を担う人材（「次の次」の助手クラスなど）の層が極めて薄くなっているというのです。

現在のＰＬ級の優れた技術を発展・拡大するためには、サイエンスの側からの人材の量的・質的拡充が不可欠であると思われますが、サイエンスをテクノロジー、産業につなげていく「出口を見据えたアプローチ」をとれる学生もまた育っているとはいえないようです。

(3)　産学の人材のモビリティ不足

制度的には、国立大学の研究者の兼業規制の緩和などにより近年大きく改善されているものの、サイエンス（大学）とテクノロジー（企業）の間を自在に往来できる研究者は少なく、米国で実現されているような人材レベルでの産学の「垣根のない」交流は実現されているとは言い難い状況です。

また、これまでに指摘されてきた、日本におけるサイエンスとテクノロジーの間の「文化的垣根」は依然存在しており、これが日本の産学連携の質的な向上を遅らせているのではないかとの指摘もありました。

(4)　異分野間融合の大胆な取り組みの不足

異分野融合の「テストベッド（実験環境）」たるべき大学においても、我が国では、まだまだ異分野（異学科／異学部）間の大胆な融合が不足しているといいます。近年、次第に変わりつつあるとはいえ、時としては学内でさえ、このような融合が進みにくいとの指摘もありました。

かつて、ＭＥＭＳ（機械＋半導体プロセス技術）、バイオインフォマティクス（バイオ＋ＩＴ）などの融合領域が誕生するのに、特に米国の大学の果たした役割は大きいとされていますが、まだ米国のように異分野間の大胆な融合が進みつつあるとはいえないというのです。

ＮＥＤＯプロジェクトにおける産学連携

このように、企業、大学とも、産学連携の現状には課題があると認識していることがわかってきました。

では、ＮＥＤＯが産学連携により進めている研究開発プロジェクトではどうでしょうか。以前から、ＮＥＤＯの研究開発プロジェクトに対して、「人材育成効果も期待できる」との評価はありました。しかし、それは副次的な効果でしかありませんでした。ＮＥＤＯプロジェクトのマネジメントは、あくまで技術目標達成に向けて行われており、産学連携の深化や活性化を直接の目的としてはいないのです。

しかし、プロジェクトの成果の最大化を考える上で、以下のような課題があります。

ＮＥＤＯプロジェクトで扱っているような最先端の技術の基盤は、アカデミアを中心に行われている例が多いのですが、最先端の技術であるだけに、産学の人材がそれに興味をもって学ぼうとしても、プロジェクトに参加していなければ学ぶことも難しく、また、せっかく開発されたＮ

ＥＤＯプロジェクトの成果であっても、それを深く理解できる人材はプロジェクト参加者に限定されてしまいがちです。このため、研究成果が産業化されても、それを支える人材や、その応用、発展を担うことのできる人材が不足する恐れがあります。もともと、ＮＥＤＯの研究開発プロジェクトは、産業競争力を意識した研究開発であるとの特性から、研究テーマや参加者については一定の制約があります。イノベーションが実現しても、非常に狭い範囲で終わってしまう恐れがあるのです。

こうした状況に対し、「成果をあげるＮＥＤＯ」をスローガンに掲げ、ＮＥＤＯプロジェクトの成果の最大化を目指すＮＥＤＯとしては、何らかの対応が必要と考えました。

プロジェクトからもう一歩～集まって、繋がって、育って、そして広がって～

このような現状認識の下、産学連携の深化・拡大を図り、絶えざるイノベーションを創出していくためには、先端分野や融合分野の技術を支える将来の人材の育成と、人的交流面からの産学連携の促進を行う、我が国の将来を支える産業技術の発展の「場」（拠点）を形成することが必要だと考えました。

また、研究開発プロジェクトの成果の最大化を図っていく上で、プロジェクト自体を推進するのみならず、プロジェクトを核として、関係する多方面の人材が産学の垣根を越えて集い、関連技術を含めた基礎的研究や派生的研究を展開し、その中からまた新たな技術シーズや技術応用が産まれ、さらには当該技術を担う人材が育つという「好循環」を形成することが重要であるとも考えました。

そこで、優れた成果を生み出しつつあるＮＥＤＯプロジェクトのうち、大学が技術の中核となっており、そこに技術、産学連携、人材育成および人的ネットワーク形成の面で優れた指導者が存在するもの（コアプロジェクト）について、大学の研究・教育機能を活用し、上記のような産業技術の発展の「場」と「好循環」を形成していくことを目的とした事業を展開する拠点を開設することにしました。それが「ＮＥＤＯ特別講座」です。

「ＮＥＤＯ特別講座」の取り組み

対象とするプロジェクトの核となる技術にあわせた人材育成のための講座（特別講座など）を大学に構築し、本事業の拠点とします。特別講座などの代表者はプロジェクトのプロジェクトリーダー（ＰＬ）とします。

ＮＥＤＯ特別講座は、人材育成事業と人的交流事業の二本柱から成り立っています。

人材育成事業は、プロジェクトのプロジェクトリーダーのほか、特別講座のために雇用する特任教員や産業界などから招く非常勤講師などが大学で講義を行ったり、シンポジウムを開催したりします。こうした活動は、既存の学科、専攻の枠にとらわれず、プロジェクトの中核技術にあわせた、分野横断的あるいは分野融合型のカリキュラムとしたいと考えています。また、サイエ

図 1.3　NEDO 特別講座

ンス側からのアプローチに限らず、企業研究者による産業応用側からのアプローチの講義にも期待しています。これにより、産業技術指向の学生の育成と、産業界の基礎科学学習ニーズへの対応を図ることを目指します。

人的交流事業は、プロジェクトやその実施者に関心のある方々に広くご参加いただき、交流を図ることにより、それぞれの分野での人的ネットワークの拡大を目指します。単なる交流だけにとどまらず、人材育成事業や後述の周辺研究への展開も期待して行います。

また、プロジェクトの中心的な技術に関連する基礎的研究や、プロジェクトの成果の普及や発展に資する派生的研究などを、周辺研究として実施します。こうした研究活動は、人材育成の観点も考慮して実施される共同研究や、人的交流事業としての意義ももち、拠点の活動を活性化する原動力としても期待しています。

第二節　ナノフォトニクスへの期待

本節では、ナノフォトニクスに関するＮＥＤＯの研究開発プロジェクトと、それを核としたＮＥＤＯ特別講座の具体的な事業内容について紹介します。

ＮＥＤＯ技術開発機構における電子・情報技術開発

ＮＥＤＯ技術開発機構では、大学や公的研究機関などを対象とした有望技術の発掘、中長期ハイリスクの研究開発、企業の実用化開発の支援という各段階において、幅広い分野の研究開発事業を行っています。中長期ハイリスクの研究開発では、約一三〇の研究開発プロジェクトを推進しています。（平成十八年度現在）

電子・情報技術開発に関しては、誰もが自由な情報の発信・共有を通じて、個々の能力を創造的かつ最大限に発揮することが可能となる高度な情報通信（ＩＴ）社会を実現するとともに、我が国経済の牽引役としての産業発展を促進するため、技術の多様性、技術革新の速さ、情報化に伴うエネルギー需要の増大といった状況も踏まえつつ、高度情報通信機器・デバイス基盤技術などの課題について重点的に取り組んでおり、特に①半導体技術、②コンピュータ技術、③ストレ

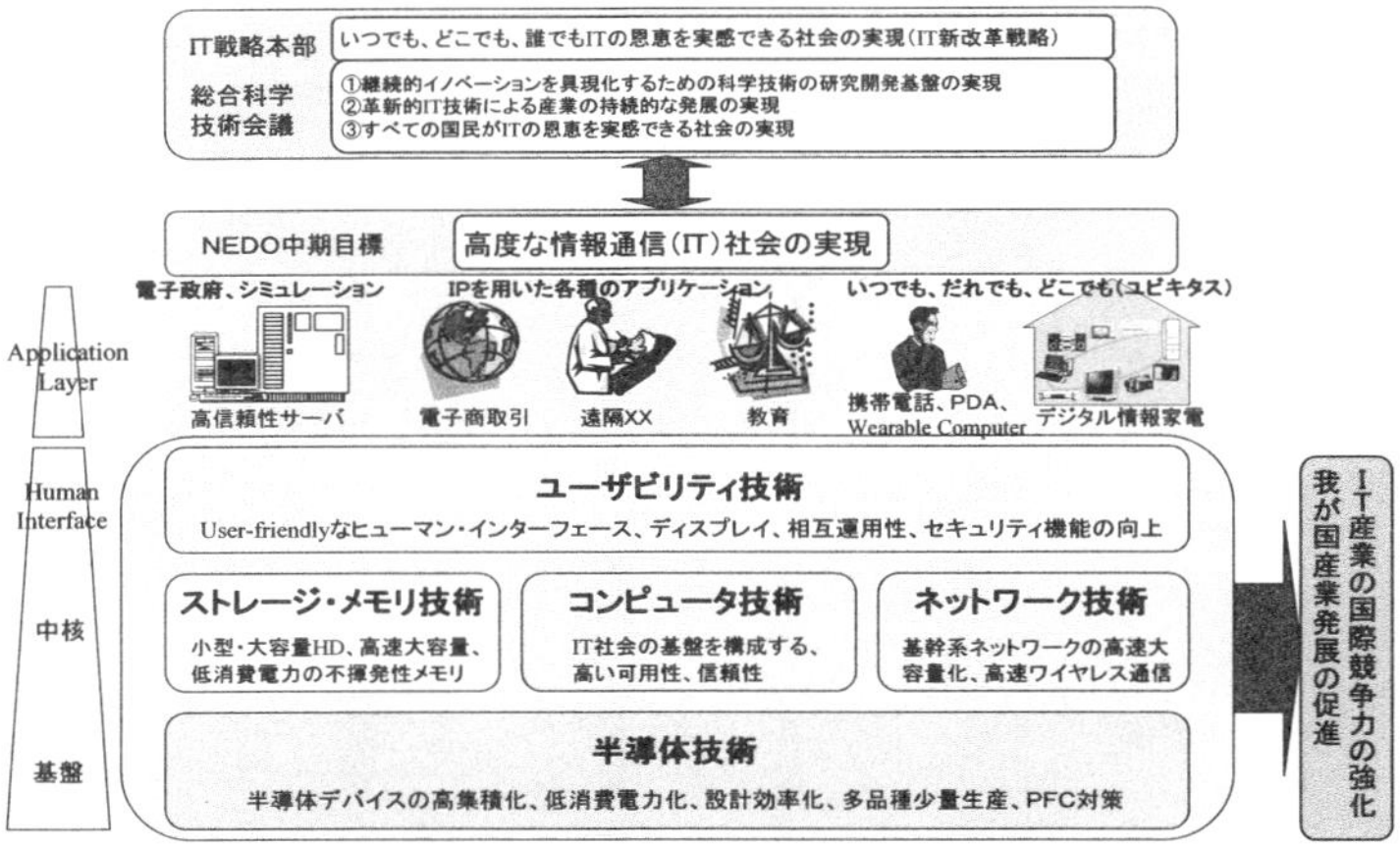

図1.4　NEDOにおける情報通信分野の取り組み

ージ・メモリ技術、④ネットワーク技術、⑤ユーザビリティ技術について技術戦略マップを策定しています。

技術戦略マップは、幅広い活動範囲の中で、効果的な研究開発投資を実現するために、産学官の関係者が戦略を共有できる研究開発マネジメントのインフラとして策定・見直しを継続的に行っているもので、研究開発とともに、その成果を製品、サービスなどとして社会、国民に提供していくために取り組むべき関連施策までが示された「導入シナリオ」、市場ニーズ・社会ニーズを実現するために必要な技術的課題、要素技術、求められる機能などを俯瞰するとともに、その中で重要技術を選定して記載した「技術マップ」、研究開発への取り組みによる要素技術、求められる機能などの向上、進展を時間軸上にマイルストーンとして記載した「ロードマップ」の三つで構成されています。

その中でも、ストレージ・メモリ技術のロードマップでは、必要とする情報や知識を、誰もが自由に創造、流通、共有できる環境の実現に向けて、大量の情報を流通・蓄積させるための大容量のストレージ技術の発展が不可欠であると位置づけられています。

このような背景のもと、ＮＥＤＯ技術開発機構では、「大容量光ストレージ技術の開発」という研究開発プロジェクトを実施してきました。

「大容量光ストレージ技術の開発」プロジェクト

「大容量光ストレージ技術の開発」とは、その名のとおり、ストレージの大容量化を目指すプロジェクトです。パソコンやビデオカメラなどに搭載され、文書や画像情報などの記録を担うストレージは、動画情報を中心としたデータのやり取りが頻繁に行われるようになったことなどを背景として、さらなる大容量化が求められています。

光ストレージのロードマップ（図１・５）に示すように、一九九五年からわずか一〇年たらずで、一平方インチあたり約一ギガビットであった記録密度が、約一〇〇倍の一〇〇ギガビット近くまで達していることがわかります。さらに、今後も継続的にその急速な伸びが予想されています。

これまでの光ストレージ技術は、記録のために用いる光の波長を短くしていくことで、記録密

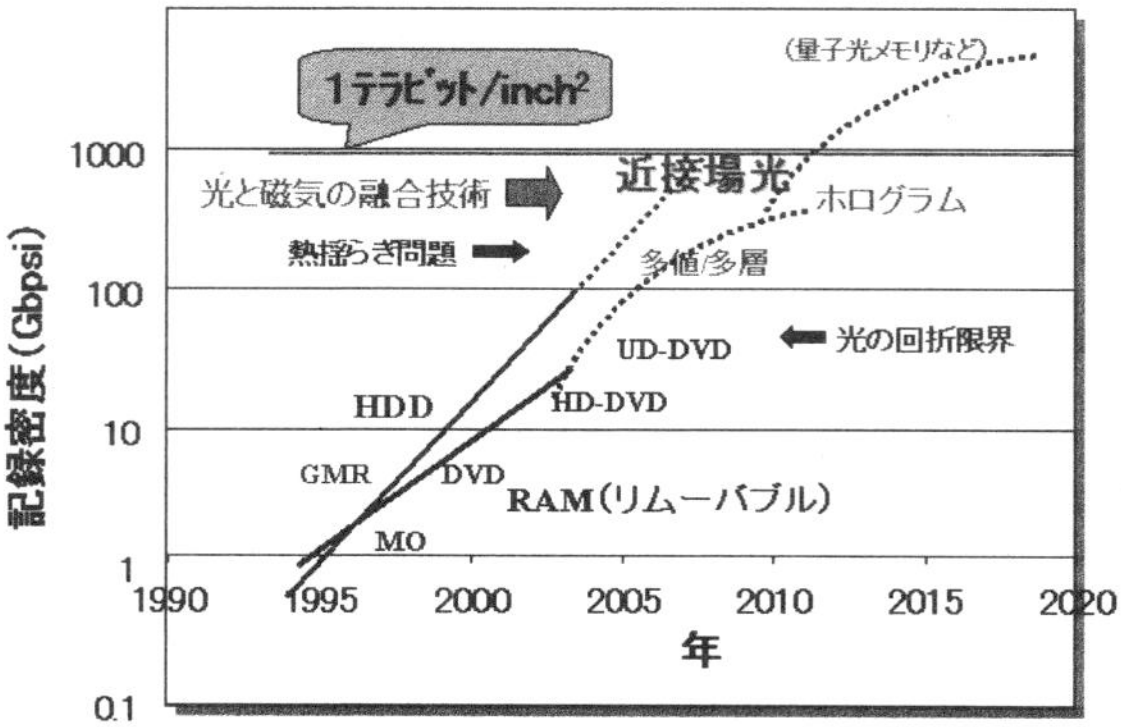

図 1.5　光ストレージのロードマップ

度を上げてきました。しかしながら、光は波長という大きさをもっているため、波長より光を小さくすることはできません。

「大容量光ストレージ技術の開発」は、従来の光に代わって「近接場光」を用いる「ナノフォトニクス」により、記録密度の高密度化という課題に挑むものでした。NEDO技術開発機構は、近接場光技術の第一人者である東京大学の大津元一教授に、「大容量光ストレージ技術の開発」プロジェクトの全体統括（プロジェクトリーダー）をお願いしました。

大津教授は、技術進捗の管理から技術指導まで、民間企業八社が参画するプロジェクトを精力的に推進し、ナノフォトニクスという企業には馴染みのなかった概念・技術の移転に尽力下さいました。その結果、プロジェクトは大きな成果をあげました。技術の詳細は次章以降をお読みいただくとして、簡単にその成果の一端を紹介すると、プロジェクト開始当時、市場では記録媒体一平方インチあたり数十ギガビット程度であった記録密度を、約一〇〇倍に相当する一テラビットまで高密度化することに成功したのです。一ビットあたりの記録寸法で換算するとわずか二五平方ナノメートルです。通常の光を用いた技術では到底不可能と思われた課題でしたが、ナノフォトニクスというこれまで使われてこなかった光を用いることにより、この課題を乗り越えることができたのです。

以上のように、「大容量光ストレージ技術の開発」プロジェクトでは、大きな成果をあげることができましたが、この成果を真に共有できたのは、プロジェクト参加者に限られていました。ナノフォトニクスに大きな可能性を感じたＮＥＤＯでは、この魅力的な技術を、より多くの人に知ってもらう必要があると考え、「大容量光ストレージ技術の開発」プロジェクトを核としたＮＥＤＯ特別講座を開講することにしたのです。

ナノフォトニクスを核とした人材育成、産学連携などの総合的展開（ナノフォトニクス講座）

「大容量光ストレージ技術の開発プロジェクト」リーダーの大津教授は、ＮＥＤＯ特別講座の趣旨に賛同して下さり、「ナノフォトニクスを核とした人材育成、産学連携などの総合的展開」としてＮＥＤＯ特別講座を開講することができました。

以下、このＮＥＤＯ特別講座（ここでは「ナノフォトニクス講座」とします）の活動の一端を紹介します。

前節で述べたように、ＮＥＤＯ特別講座では、人材育成と人的交流事業を柱としていますが、

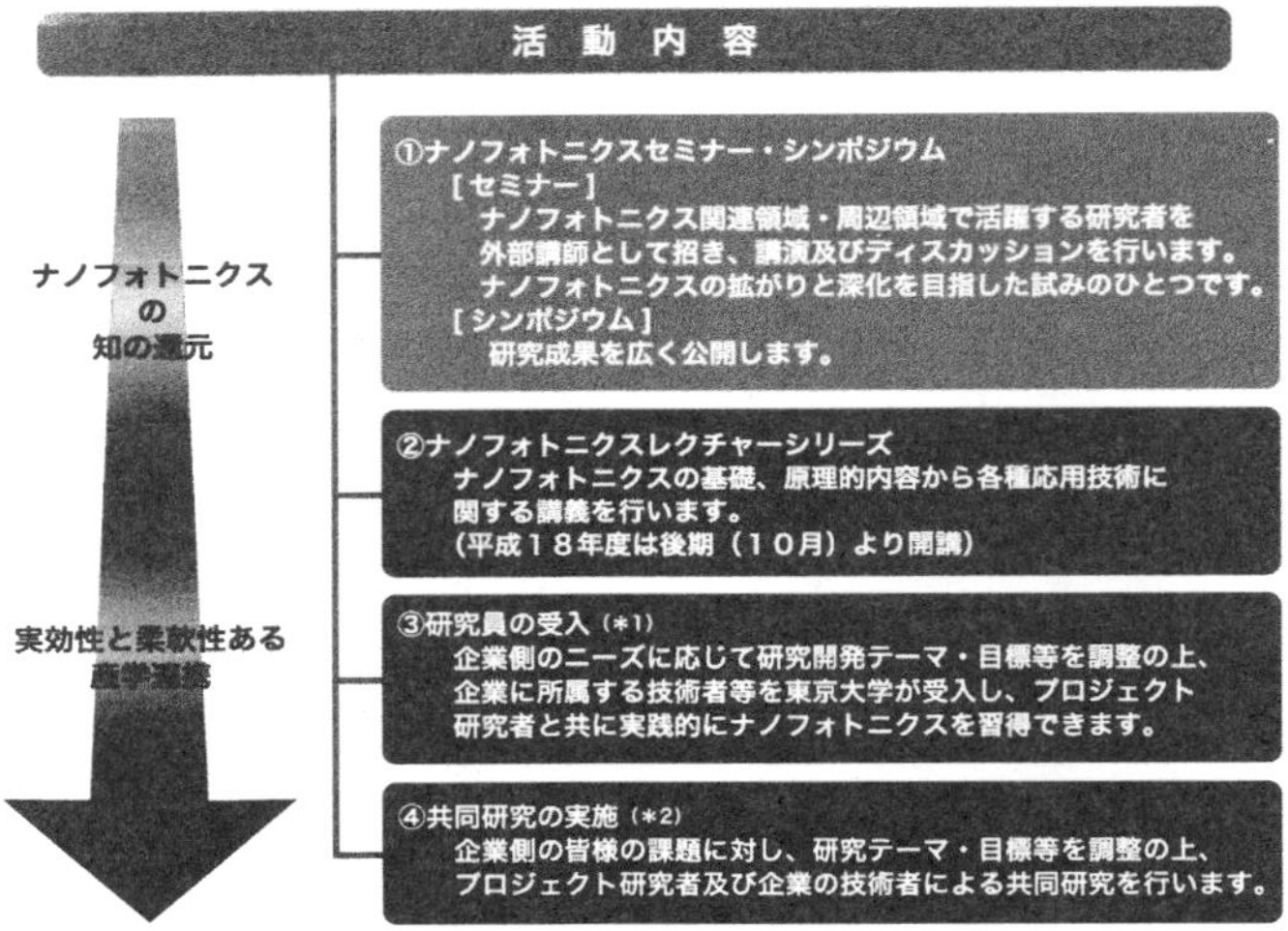

図 1.6　ナノフォトニクス講座のメニュー

ナノフォトニクス講座では、これを四つのメニューに整理しています。

「ナノフォトニクスセミナー・シンポジウム」は、産学の幅広い分野から講師を招いて行います。シンポジウムは研究成果の紹介が主です。ナノフォトニクスを知らなかった研究者に関心をもってもらうほか、異分野の研究者間で交流が深まることを狙っています。冒頭に紹介したシンポジウムには三〇〇名近い来場者があり、同時に開催した技術相談会にも多くの方からナノフォトニクスに関する相談が寄せられました。

セミナーでは、講演だけでなくディスカッションを行い、ナノフォトニクスに対する関心を深めてもらいます。二〇〇六年度は、全四回開催し、のべ一一〇名の参加がありました。

「ナノフォトニクスレクチャー」は、ナノフォトニクスの基礎、原理的内容から応用技術まで、技術的理解を深めてもらう講義です。大学院生向けの講義ですが、企業の研究者も受講できるようにしています。社会人研究者が大学時代には学ばなかった理論的な解説や大学で推進中の最新の研究成果を学ぶ場を提供していきます。二〇〇六年度後期から全十二回開催し、大学院生のほか、企業の技術者も毎回一〇〇名程度の参加がありました。

図1.7　ナノフォトニクスシンポジウムの様子。平成18年8月1日　於東京大学。

より深くナノフォトニクスに取り組みたいという研究者の方は、研究員として大学に受け入れる用意もあります。すでに企業から希望があり、この本が刊行されるころにはナノフォトニクス講座の一員になっていることでしょう。

こうした活動がより深化すると、共同研究に発展します。大学における研究の現場を実践的な教育の現場として活用し、ナノフォトニクスの深化・拡大に繋がっていくことを期待しています。

「NEDO特別講座」は新しい取り組みであり、試行錯誤を重ねながら進めている部分も多々ある中で、「ナノフォトニクス講座」がこのように円滑に立ち上がっているのは、大津先生をはじめ、メンバーのナノフォトニクスに対する熱意と情熱によるものです。「ＮＥＤＯ特別講座」を進めるＮＥＤＯとしては頼もしい限りです。

この小さな光（ナノフォトニクス）は、限りない可能性に満ちた光です。次のイノベーションをもたらす研究者が多数輩出されることで、我が国の国際競争力強化に繋がることを期待しております。

ＮＥＤＯ特別講座のさらなる展開

二〇〇六年度には、ナノフォトニクス講座のほかに、京都大学の平尾一之先生をリーダーとしたナノガラス技術プロジェクトを対象とした特別講座も開設しています。こちらも二〇〇六年九月二十七日にセミナーを開催し大盛況となりました。この講座にも、多くの参加希望が寄せられており、ＮＥＤＯ特別講座に対する期待の大きさが感じられます。

こうした期待に応えられるよう、各講座の活動を充実し、さらに他の重要な技術分野におけるＮＥＤＯ特別講座の開講を検討しています。二〇〇六年度は、まだ二つの講座だけですが、論理的には、プロジェクトリーダーの数だけ（一〇〇以上？）ＮＥＤＯ特別講座が開設できるともいえます。しかし、ＮＥＤＯ特別講座の成否は、プロジェクトの我が国産業社会への重要性、リーダーの資質によるところが多いので、厳選しつつ拡大していきたいと思います。

参考文献

(1)　古谷毅、安永裕幸、山田宏之、「テクノロジーマネジメント」フュージョンアンドイノベーション（二〇〇五）
(2)　独立行政法人新エネルギー・産業技術総合開発機構、「ＮＥＤＯプロジェクトを核とした人材育成、産学連携等の総合的展開」基本計画（二〇〇六）
(3)　ＮＥＤＯホームページ、http://www.nedo.go.jp/
(4)　赤池学、ニッポンテクノロジー〜ＮＥＤＯプロジェクト　開拓者たちの１００の挑戦〜、丸善（二〇〇四）
(5)　安永裕幸、山田宏之、川村寛範、矢部貴大、藤崎栄、研究技術計画、Vol.19, No.1/2 (2004)

第二章　ナノフォトニクスの深化と広がり

大津元一

第一節　ナノ系の雲としての近接場光

一九六〇年にレーザが発明され、それを用いて一九八〇年代には新しい光技術が急成長しました。それは光通信、光ディスクメモリ、光加工、医療などです。これらの技術をさらに発展させるために光の性能はますます向上し、すでにレーザを用いて高パワー化、短波長化、短パルス化などが極限的な段階まで追求されています。ところで光の微小化は可能でしょうか？　光の性能向上を先導してきた欧米の研究開発の状況を調べても、この問題は扱っていないようです。レーザなどから出てくる光が空間や物質中を伝搬して進んでいくとき（このような光は伝搬光と呼ばれています）、広がろうとする性質（回折）をもつので、それを凸レンズで集めても光の波長程度の寸法のピントのぼけがあり、これが光の寸法の最小値の限界を決めています。これは回折限界と呼ばれています。「回折限界を超えて光を微小化（ナノ寸法化）したい」という私の素朴なウォンツ（**wants**）が、一九八〇年代初頭から始まったナノフォトニクスの研究のきっかけです。本章では、純日本産の革新技術であるナノフォトニクスの基礎とその成果、将来について紹介します⑴。特に従来の光技術で使われている伝搬光では到底不可能であったまったく新しい機能や現象を引き出して使うという変革、すなわち「質的変革」が実現したことを示します。

まず、ナノフォトニクスの原理について理解していただくために、第一冊「ナノ・フォトニク

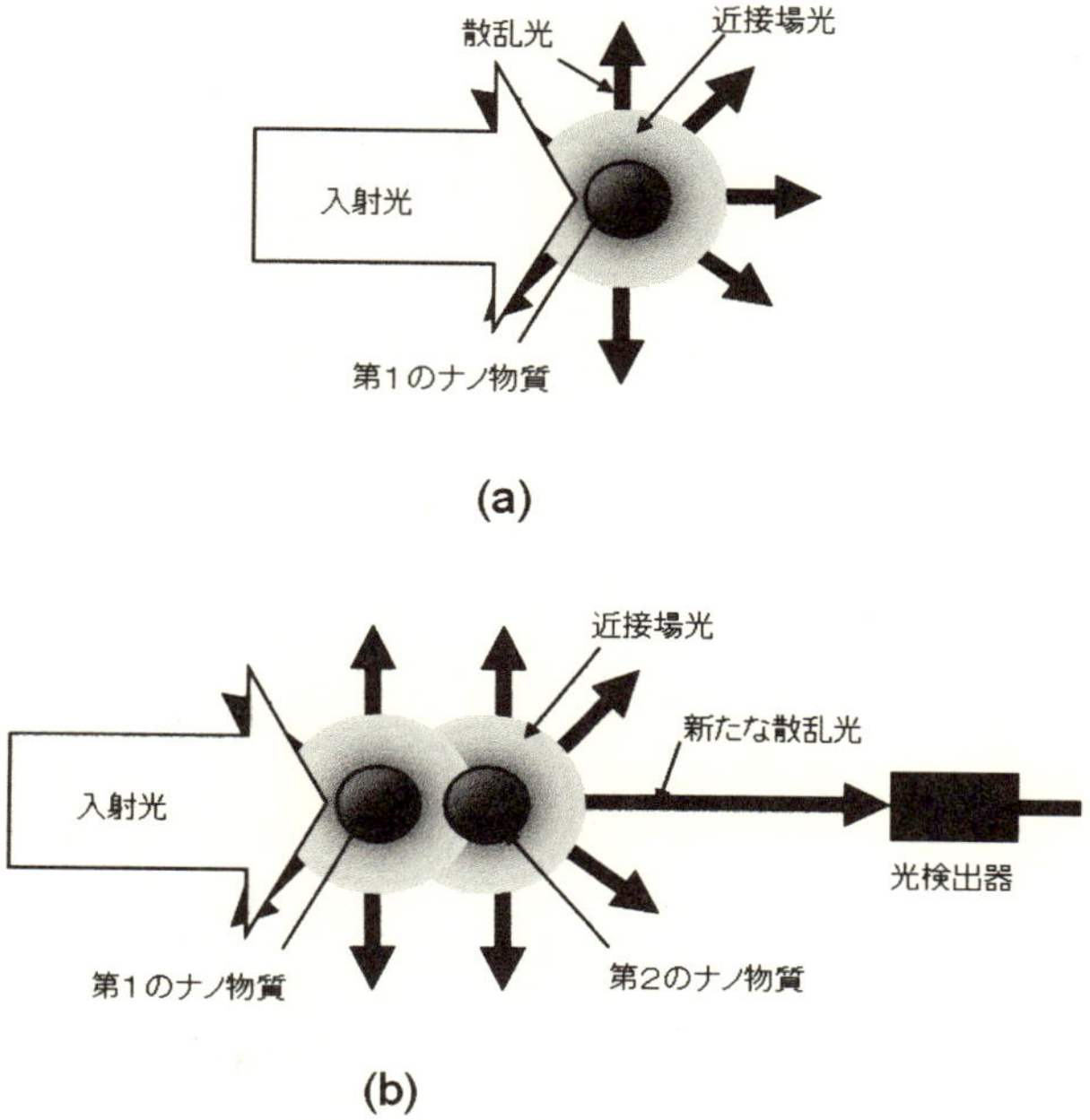

図 2.1　近接場光。(a) 発生の様子、(b) 観測の様子

ス」[2]と第二冊「ナノフォトニクスへの挑戦」[3]に記した内容について復習しましょう。物質に光をあてると散乱することはよく知られています。しかしこのとき、物質の表面を覆う膜のような光も発生することはあまり知られていません。この光は「近接場光」と呼ばれています（図２・１(a)）。この光の膜の厚みは物質の寸法などによって決まる値を取ります[4]。

ここで興味のあるのは物質寸法が数ナノメートルから数十ナノメートルと光の波長よりずっと小さい場合で、そのナノ物質および表面に発生した近接場光の組み合わせは光の小さな粒と考えられます。ただし、近接場光は物質表面のみに発生し、自由空間には存在しません。このことは遠くに光検出器をおいてもそこまでは近接場光は伝搬せず、そのエネルギーを測定できないこと、すなわち近接場光は観測できないことを意味しています。主に欧米で開発された従来の光学は、自由空間または光の波長よりずっと大きな寸法をもつ巨視的物質中を伝搬する光についての理論でした。したがって、近接場光の性質をわかりやすく記述するには、従来の光学とは矛盾しないものの全く異なる機軸の理論、すなわちナノ寸法領域に局在する非伝搬の光についての光学が必要となります。

その機軸は「近接場光の観測」という切り口に立ちます。すべての物理量はその発生だけではなく、観測することが現代物理学の本質です。近接場光は直接観測できませんから、「近接場光の観測」は近接場光を観測可能な量へ変換することを意味します。具体的には図2・1(b)のように、近接場光が発生している第一のナノ物質に第二のナノ物質を接近させ、それにより近接場光の場を乱します。そのとき近接場光の一部は二つのナノ物質の両方を覆う膜となり、残りは散乱光となります。散乱光は伝搬する光なのでそのエネルギーは遠くの光検出器まで到達しますからこれを測定でき、したがって近接場光が観測されるのです。ここで、第二のナノ物質は近接場光エネルギーを取り込み自らに移動させ、観測可能な量に変換する重要な役割をします。

さて、ここからは過去の二冊(2)、(3)には記していなかった、より詳しい説明をします。これこそが、まさに従来の光学とは異なる機軸の考え方です。これはナノフォトニクスの本質に関わる考

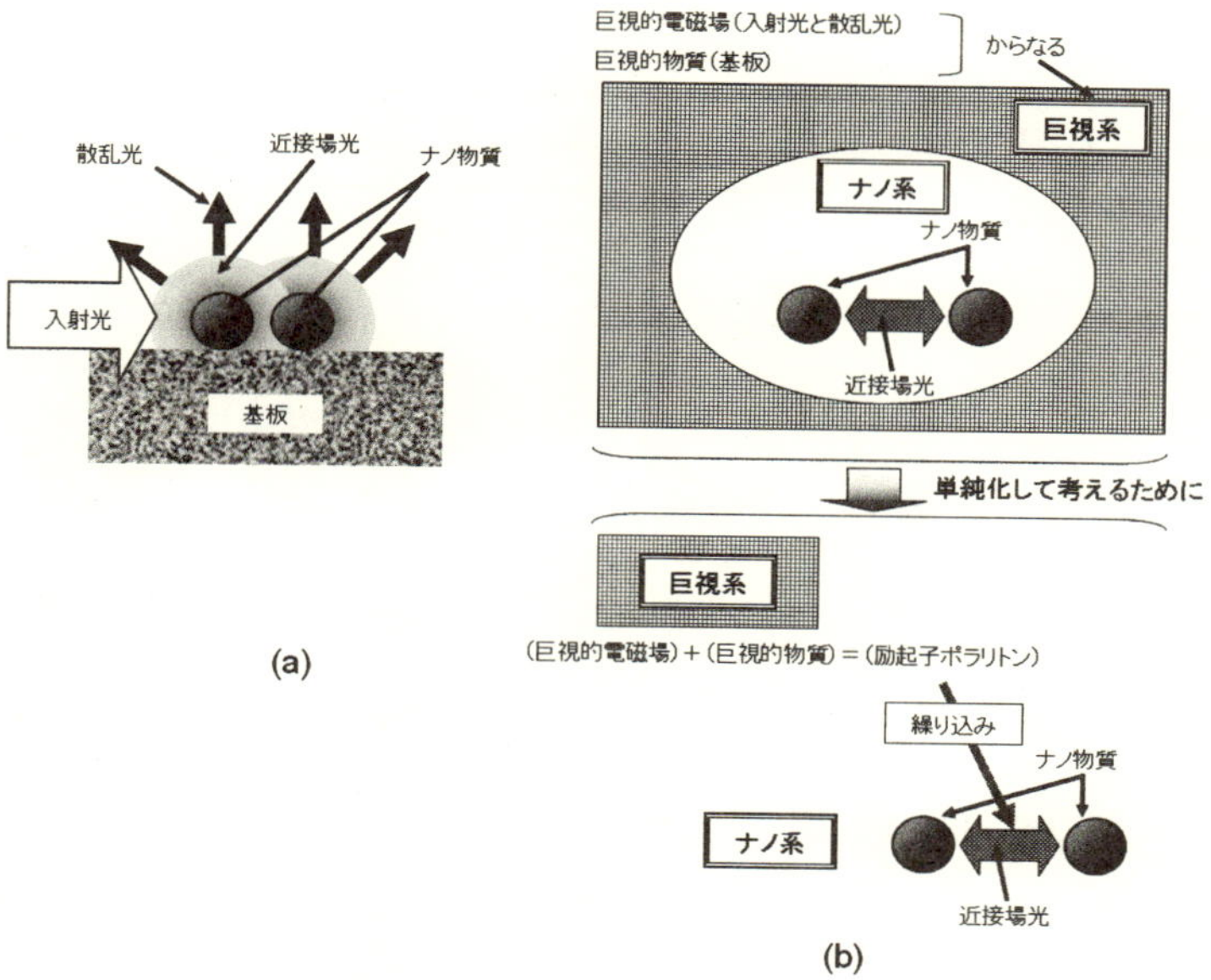

図 2. 2　繰り込みの考え方。(a) 図 2.1(b)の実際、(b) 繰り込みの方法

え方で、最近は理論だけでなく実験的にも検証されるようになりました。このような経緯により、ナノフォトニクスが最近急速に深化しました。また、この本質的な性質が多方面に応用されるようになり、ナノフォトニクスが広がっています。

図２・１(b)の二つのナノ物質と近接場光からなる「ナノ系」は、実際には図２・２(a)のように、ナノ物質を乗せている基板（巨視的寸法をもつ物質）、入射光(さらには散乱光も)のような電磁場（これも巨視的寸法をもちます）からなる「巨視系」に囲まれているので、その理論的取り扱いが複雑になります。ここではナノ系のみを考えたいので、巨視系の

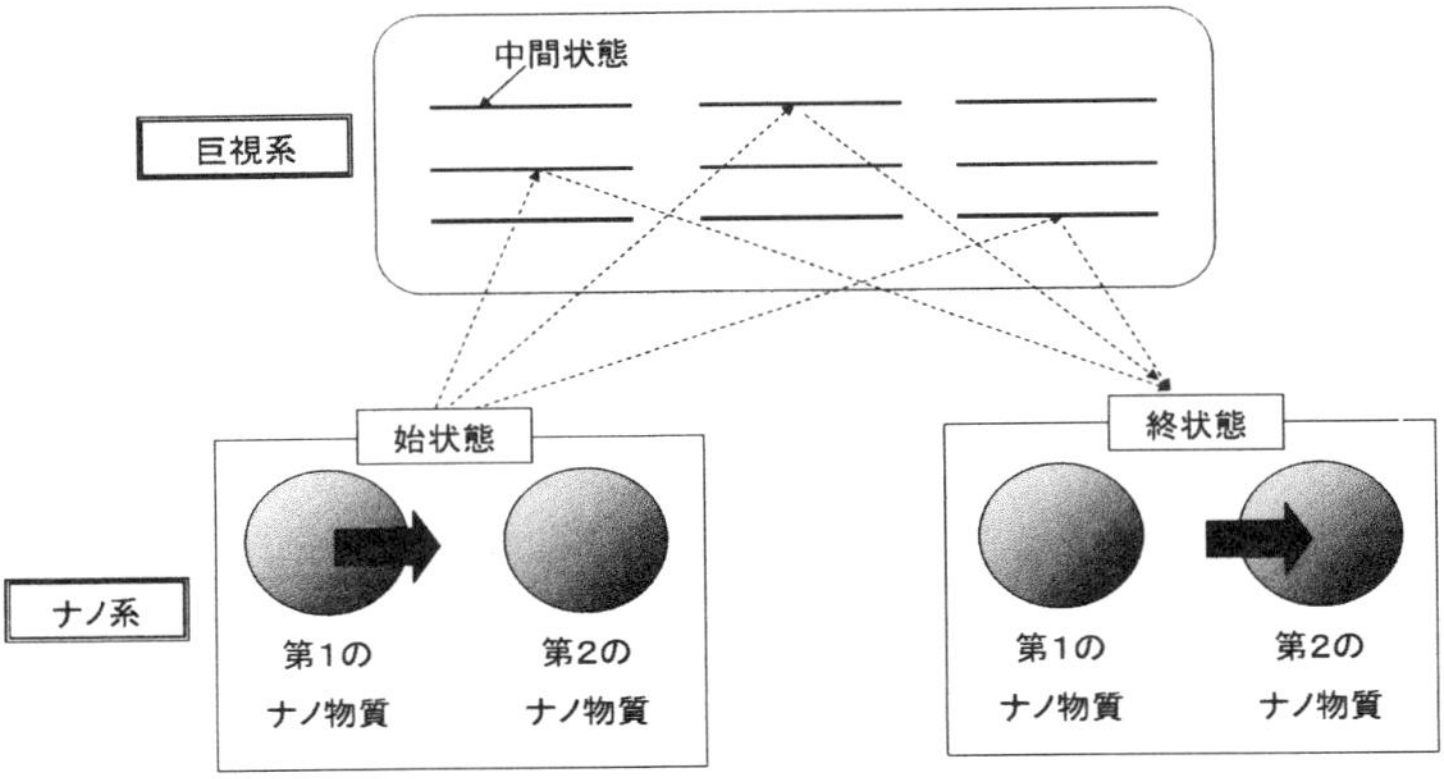

図 2.3　始状態から終状態へ至る多数の経路

振る舞いを詳細に議論する必要はありません。そこで、多体問題でよく知られた「繰り込み」の考え方を使います(5)。すなわち、図2・2(b)に示すように、入射光と巨視的な物質を励起子ポラリトン【注1】からなるものと考え、この巨視的な系の影響を二つのナノ物質間の電磁的相互作用の大きさの中に取り込みます。

この「繰り込み」の考え方を使った結果、ナノ系は周囲の巨視系とは孤立しているように単純化して考えられるという利点があります。ここで、二つのナノ物質の相互作用の前の状態（始状態）として、第一のナノ物質中の電子は高いエネルギー状態（励起状態と呼ばれています）にあり、第二のナノ物質中の電子は低いエネルギー状態（基底状態と呼ばれています）にあるものとします。相互作用後の状態（終状態）は第一のナノ物質が基底状態、第二のナノ物質が励起状態です。このとき励起子ポラリトンの授受により相互作用が始まると、図2・3に示すように、始状態から終状態に至る経路として、巨視系のいろいろなエネルギー状態（中間状態と呼ばれます）へ仮想遷移し、そこから終状態へとさらに仮想遷移する可能性があります。仮想遷移というのは実際のエネルギー移動の伴わない量子力学的遷移、言い換えると仮想励起子ポラリトンを媒介とする遷移です。

　現代物理では始状態と終状態が確定（観測）可能な状態であれば、その中間は仮想遷移が許され、始状態から終状態へと変化する確率は仮想遷移を含むすべての遷移経路（始状態から終状態に至る）を通る確率の合計となります。その結果、上記の始状態から終状態に導く源となる二つのナノ物質の電磁的相互作用の大きさは $[\exp(-ir/a)]/r$ という項と $[\exp(-r/a)]/r$ という項の和で表されます[5]。ここで、i は虚数単位、r はナノ物質表面からの距離、a はナノ物質の寸法です。第一項の $[\exp(-ir/a)]/r$ は空間を伝搬していく球面波に相当しますが、これは図2・1(b)のナノ物質を中心とする散乱光を表しています。第二項の $[\exp(-r/a)]/r$ は湯川関数と呼ばれ、その値は r の増加とともに急激に減少します。分子の指数関数の中が $-r/a$ となっていることから、関数の値は距離 r が a 程度になるとほぼゼロになることがわかります。すなわち、ナノ物質の寸法と同程度の空間分布をもつ光が存在することを意味しています。これが近接場光に相当し、あたかもナノ物質を核とした「雲」のようにナノ物質のまわりに局在した光が存在すると考えられます。

　さて、図2・3の巨視系のあらゆる中間状態を考慮すると、それらへの仮想遷移の経路によっては二つのナノ物質間での励起子ポラリトンのエネルギーのやりとりに多様性が生まれます。まず第一は、従来の光技術においてよく知られたエネルギー保存則を満たす相互作用です。これは共鳴相互過程と呼ばれ、第一項に相当します。一方、別の経路ではエネルギー保存則を満たさない非共鳴過程も可能で、これは第二項によって表されます【注2】。ただし、いずれの場合も仮想励起子ポラリトンを媒介とする仮想遷移であり、エネルギーの移動は確定していないことに注意して下さい。なぜなら、このような仮想遷移は量子力学特有の現象であり、エネルギーΔEと時間Δtとの間の不確定性原理$\Delta E\,\Delta t \geqq \hbar/2$を満たすような短い時間$\Delta t$においてのみ可能になるからです（ここで、$\hbar$はプランクの定数$h$を$2\pi$で割った値です）。そして、この仮想遷移を含めることにより局所的な場、すなわち近接場光が自動的に導出されるのです。

第二節　技術のシーズと社会のニーズ

前節の議論により、ナノ物質の間を移動し相互作用を媒介する仮想励起子ポラリトンが近接場光であると考えることができます。これはあたかも原子核の中の陽子と中性子とを結びつける中間子と類似の描像です。このように考えると、近接場光により一方のナノ物質中の一つのエネルギー準位にある電子のエネルギーを、他方のナノ物質中のエネルギー準位へ移動させることができることに気がつきます。その際、非共鳴過程が起こりえるので両準位は必ずしも互いに共鳴しなくてもよさそうです。このことは、近接場光により信号や情報をナノ物質間で伝送できること、すなわち新しい機能の光デバイスが可能なことを示唆しています。さらに、移動するエネルギーが大きくなるとナノ物質の構造や形までが変わること、すなわち新しい機能の光加工が可能なことを示唆しています。これらを実現する技術こそがナノフォトニクスであり、これは私が一九九三年に提案したものです(6)。

$[\exp(-r/a)]/r$の中には虚数単位iが含まれていないので、ナノ物質間の相互作用を媒介する仮想励起子ポラリトンは空間を伝搬する波としての性質をもたないことがわかります。すなわち、光の回折とは無縁ですから、光の波長以下の寸法のナノ物質を用いた光デバイスや光加工は回折限界を超えることができます。しかしここまで考えると、近接場光を応用するナノフォトニクスにおいて重要なことは、単に回折限界を超えるという変革（これは大寸法から小寸法への改良なので「量的変革」と呼ばれています）ではなく、伝搬光では到底不可能であった非共鳴過程を利用して、まったく新しい機能や現象を引き出して使うという変革（これは無から有を生むので「質的変革」と呼ばれています）を実現することであることに気づきます。これは第二冊(3)の中で、「近接場光と呼ばれる光の小さな粒を使い、その特徴を活かしてナノメートル寸法の微小な光デバイス、加工を実現する技術」と説明した内容をさらに詳しく、かつ質的変革という概念を表に出して説明したものです。

すなわち、第一節冒頭に述べた「光の微小化のウォンツ」が、技術の質的変革をもたらすシーズ（seeds）になりました。言い換えると光の微小化がもたらす量的変革はもはや本質的ではなく（この変革を利用したいという社会のニーズ（needs）ももちろんありますが）、上記の質的変革が本質的であることが明らかになってきました。以下ではこの例の質的変革（ついでに量的変革も）の概要について紹介しましょう。詳細は第三章以下をお読み下さい。

質的変革を実現した代表例として光デバイスがあります。その代表例は立方体状の微小な半導体でできた量子ドット【注3】と呼ばれるナノ物質三つからなる光スイッチです。外から光が入ると入力端子の量子ドットに近接場光が発生し、隣りの量子ドットと相互作用が始まります。このとき、三つの量子ドットの大きさの比を調整して作製することにより、その中の電子と正孔の対からなる励起子【注1】のエネルギー準位をあらかじめ調整しておき、上記の非共鳴過程を利用してエネルギーを隣りの量子ドットに移動させます。なお、伝搬光を使っていたのではこのようなエネルギー移動は起こりませんので、これは光デバイス機能の質的変革の代表例です。副次的な効果としてこの光デバイスの一辺の寸法は二〇ナノメートル程度です。これは光波長の二〇分の一以下、半導体レーザなどの五〇分の一以下で、光デバイス寸法に関する量的変革も実現しています。同様の原理で光スイッチ以外の多様な光デバイスが提案されており、また実用的なデバイスの開発が進み、さらには新しい情報伝送、情報処理などのシステムへの応用が検討されています。

一方、光加工における質的変革の例として、物質を削る技術の一つである光リソグラフィがあります。光リソグラフィでは削りたい物質の表面にフォトレジストと呼ばれる高分子膜を塗っておきます。この高分子は光に反応して化学変化を起こしますので、これに光をあてるとフォトレジストが削れます。この後に他の方法でフォトレジストの下の物質を削るのですが、ここではフォトレジストを削ることだけを採り上げます。従来は伝搬光を使っていたので、削ることのできる最小寸法は回折限界によって制限されていました。波長の短い紫外線を使うとこの回折限界の値が小さくなるので、最近では紫外線、さらには超短波長の光（極端紫外光、シンクロトロン放射光など）の光源などの技術開発が進んでいますが、これらの光源は大型・高価なので実用的ではなく、光リソグラフィも限界を迎えています。この限界を超えるために伝搬光の代わりに近接場光を使います。すると削る寸法は回折限界とは無縁でありこの限界を超えて微小化されます。この方法により幅二〇ナノメートルの細線状の周期的パターンがつくられています。これはフォトマスク（写真のネガフィルムのようなもの）をフォトレジストの上におき、フォトマスクに描かれた細線の隙間から近接場光を発生させて加工したもので、量的変革の例ですが、社会のニーズに十分に応えています。

しかし、ここで肝心なことは質的変革が実現しているということです。近接場光は回折限界とは無縁なので、どのような波長の光源を使ってもかまいません。加工寸法は上記のフォトマスク面の隙間の寸法によって決まるからです。ただし、通常は紫外線の光源を使います。なぜなら現在入手できるフォトレジストのほとんどは紫外線にしか反応しないからです。しかしこれは、共鳴過程による反応であることに注意しましょう。近接場光の場合には非共鳴過程が可能なので、紫外線ではなく赤や青の光をフォトマスクにあてて近接場光を発生させると、フォトレジストは反応して削られ微小なパターンができてしまいます。すなわち、非共鳴過程によりエネルギーを移動させることができ、紫外線でなくとも赤、青などの光でも近接場光から反応を起こすのです。このことは大型で高価な短波長光源はもはや不要になったこと、通常の伝搬光には反応しない高分子もフォトレジストとして使えること、伝搬光による光リソグラフィでは難しい複雑なパターンも加工できることなどの質的変革を生みました。もはや光リソグラフィと呼ぶべきでない、新しい加工法と考えられます。別の呼び方をすべき新しい加工法が実現し、その実用的な装置の開発も進んでいます。

本節の最後に量的変革の例も紹介しておきましょう。近接場光を発生させるために、ガラスファイバの先端を尖らせてナノ寸法の針をつくる技術が世界に先駆けて日本で確立し、これを用いてＤＮＡなどの数ナノメートルの物質の形やその構造を調べることができる分析装置が実用化しました。これは従来の光を使った計測装置の分解能の回折限界を超える精密な装置であり、量的変革を実現したものです。

また、近接場光をレコード針として使って、一平方インチあたり一テラビット（一兆個のビット）の情報を記録再生する高密度・大容量装置（ＣＤ、ＤＶＤさらにはＨＤＤなどの装置の記録再生限界を超えるもの）を実用化する技術開発も進んでおり、まえがきにも触れたように、経済産業省と（独）新エネルギー・産業技術総合開発機構による大容量光メモリの開発事業が産学連携によって推進され、二〇〇七年三月に五年間の事業を終了しました。その成果はめざましく、中間段階での成果はすでに二〇〇五年に愛知県で開催された万国博覧会（愛地球博）に出展されました(7)。これも量的変革の例ですが、それでもこれらは社会のニーズに十分に、否それ以上に応えた例です。このような開発の成功に触発され、今から三〇年後には一ペタビット（一テラビットのさらに千倍）の記録密度実現にむけた技術ロードマップも策定されました(8)。

第三節　今後の展開

開発当初は奇異な目で見られながら進展した光の微小化は、光の「伝搬」対「非伝搬」、「自由空間」対「微小物質」、「励起子ポラリトン」対「仮想励起子ポラリトン」といった互いに対立する基本概念に関する科学的議論を生み、さらに基礎実験の成功は新しい光デバイス、光加工などの技術的革新を生みました。すでに前節で概説した質的変革が発展していますし、さらにこれらの光デバイスを利用した新しい情報処理システムなどが提案されています。

ナノフォトニクスは仮想励起子ポラリトンが媒介するナノ物質間の局所的電磁相互作用を利用し、その結果を外部に取り出す技術であり、多くの可能性をもっています。したがってここ数年、図2・4に示すように、国際会議などでも研究発表の件数が急増しています。また、図2・5に

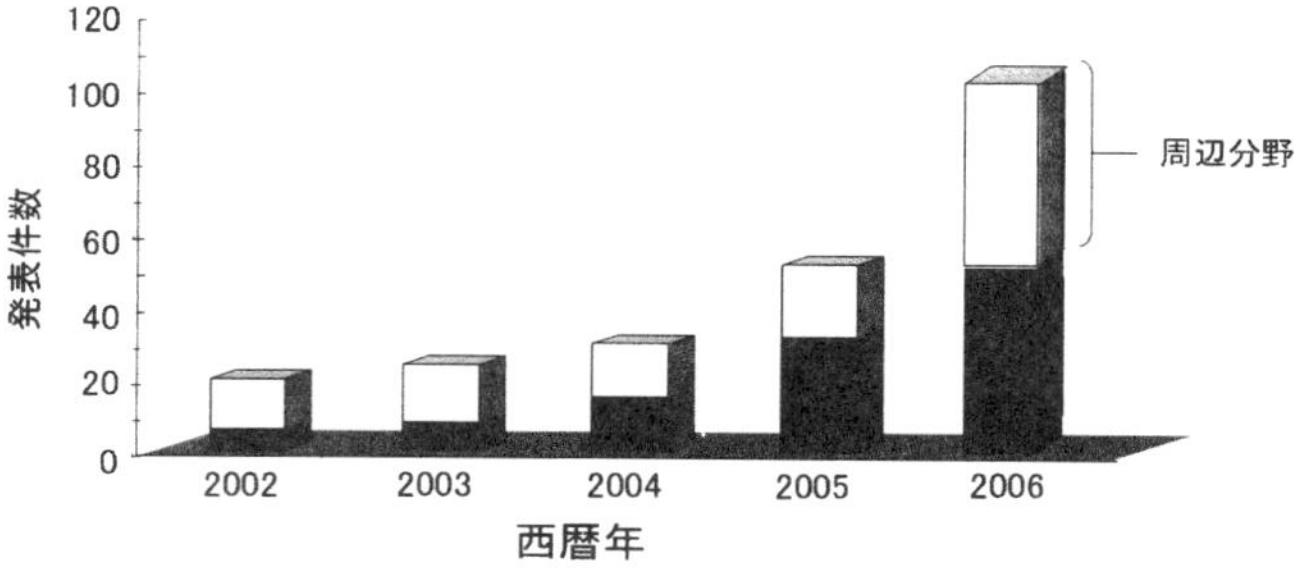

図 2.4　光関連の国際会議でのナノフォトニクスの論文発表件数。毎年米国で５月に同時開催されるレーザ応用の会議 CLEO（Conference on Lasers and Electro-Optics）とレーザ基礎の会議 QELS（Quantum Electronics and Laser Science）での発表件数の調査結果。「周辺分野」とは、ナノフォトニクスに関連すると判断される周辺分野の研究発表を意味しています。

示すように、ナノフォトニクスの応用可能分野は多岐にわたり、従来の光技術のほとんどがナノフォトニクスによって置き換えられるともいわれています。諸外国でもこれらの応用の研究開発が急進展しており、ナノフォトニクスという名前のついた研究機関、研究グループ、さらには国際会議も急増しています。

たとえば、基盤技術となる通信やシステムは米国の軍関係の研究機関が着手しており、近い将来民生用の研究開発へと移行するでしょう。情報記録関係は米国の商務省が主導して大きなプロジェクトを推進しており、日本のプロジェクトとしのぎを削っています。また、米国だけでなく欧州、東アジアでもナノフォトニクス関連の研究開発が進んでおり、日本は安穏としてはいられません。

ナノフォトニクスがもたらす新産業とそれに

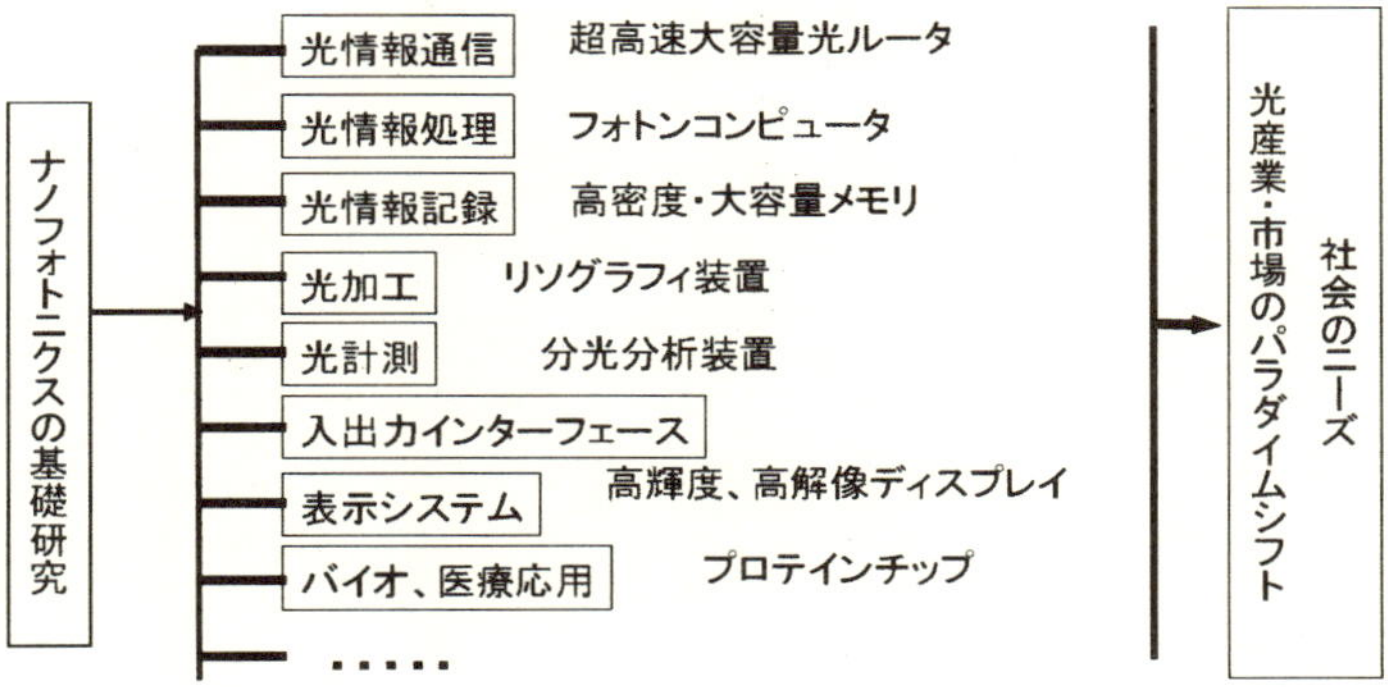

図 2.5　ナノフォトニクスの応用可能分野の代表例

よる新規国内生産額も推定されていますが(9)、それによるとナノフォトニクス産業はいよいよ二〇一〇年頃から急成長すると考えられています。この時点で第一章のように人材育成の事業が始まり、将来のナノフォトニクスを先導する研究者や技術者を確保する方策が実現したのは大変幸いなことです。

これまでの光科学技術では光のエネルギーの流れは光源から光検出器へと向かっており、また光により物質を励起するとき、それは光波長以上の寸法にわたる巨視的なものでした。そのために光と物質は明確に分けて考えることができました。ところがナノフォトニクスでは光のエネルギーの流れは二つの物質の間で双方向的であり、また光による物質励起も微視的です。このことは光と物質とを融合した考え方、すなわち「光・物質融合科学技術」が必要となることを示唆しています。今後はナノメートル領域における光と物質の相互作用の素過程、エネルギー移動などの特徴をいっそうたくみに制御して使うことにより、さらに新しい情報伝送、情報処理、微細加工などの技術が実現すると期待されます。

ところが、完全に伝搬光を使う技術をも「ナノフォトニクス」と呼んでしまう例が近年散見されます。情報理論の黎明期において、創始者シャノンは情報理論という名称が単なるバンドワゴン（bndwagon：パレードを先導する楽隊車）としてむやみに利用されることに強く警鐘を鳴らしましたが、我々はそれを思い出すべきでしょう(10)。すなわち、上記の局所的電磁相互作用に基づいていない研究が多く、微小共振器レーザ、フォトニック結晶、プラズモニクス、シリコンフォトニクスといった伝搬光利用技術をもってナノフォトニクスと称するまぎらわしい主張がみられます。ナノフォトニクスを真に展開する場合、ナノ寸法領域における光と物質の相互作用に対する注意深い物理的洞察のもとに、光と物質が融合した科学技術を深化させ広げることにこそ意義があるということも付け加えておきましょう。

【注1】物質中の一つの原子の中の電子が励起され、その電子が原子核のまわりをあたかも水素原子中の電子と同じような軌道を回っている状態は励起子と呼ばれています。また、半導体を例にとると価電子帯の正孔と伝導帯の電子との間にはクーロン力が働いているので、このクーロン力によって正孔と電子は互いに結びついた一つの粒子のように振る舞います。この正孔と電子の対を一つの粒子のように見なしたものは励起子と呼ばれています。

光子が物質中に入射すると、物質に吸収され励起子がつくられます。その次にはこの励起子が消えてまた光子がつくられ、この繰り返しが物質中を伝搬します。すなわち、光子と励起子との間に次々に生成、消滅の変換が生じていますが、この状態つまり両者の混合状態が励起子ポラリトンと呼ばれています。

【注２】「エネルギーの保存則を満たさない」のならば、余分なエネルギーはどこからきて、不足のエネルギーはどこへ消えたのでしょうか。この疑問に答えるために、ここではナノ系のエネルギーの保存について考えていることに注意して下さい。すなわち、ここではナノ系は巨視系とは孤立しているように単純化して考えています。したがって、上記のエネルギーの過不足分は実際には巨視的系から補充されています。つまり、ナノ系と巨視系全体ではエネルギー保存則は成り立っているので何の不思議もないのですが、ナノ系のみを考えるとエネルギー保存則を満たさないような現象が起こっているのです。ナノフォトニクスの本質は、このような特殊な現象を引き起こすために、ナノ系と巨視系との境界線（図２・２(b)上図中の楕円）をどこに引くかということが重要になる技術です。たとえば、図２・２(a)の二つのナノ物質の寸法を基板に対してどのくらい小さくするか、また基板のどの位置に乗せるか、といった微細加工技術が必要であることを意味します。第四章や第七章に示す微細加工はそのために必要な技術なのです。

【注３】巨視的寸法をもつ物質中の電子の取りうるエネルギーの値はほぼ連続的です。しかし、物質の寸法が小さくなるとその中に閉じ込められた電子は飛び飛びの値のエネルギーしかとれなくなります。すなわち、電子のエネルギー準位が離散化されるという、いわゆる量子効果が現れます。このような量子効果を示す微小な微粒子は量子ドットと呼ばれています。

参考文献

(1) 大津元一、科学、第七六巻、第一〇号（二〇〇六）pp.984-990
(2) 大津元一、「ナノ・フォトニクス」、米田出版（一九九九）
(3) 大津元一監修、「ナノフォトニクスへの挑戦」、米田出版（二〇〇三）
(4) 大津元一、「光の小さな粒」、裳華房（二〇〇一）pp.18-29
(5) 大津元一、小林潔、「近接場光の基礎」、オーム社（二〇〇三）pp.131-141
(6) 大津元一、小林潔、「ナノフォトニクスの基礎」、オーム社（二〇〇六）pp.15-16
(7) ＮＥＤＯ技術開発機構編、成果レポート最前線二〇〇五、ＮＥＤＯ技術開発機構（二〇〇五）pp.3-4
(8) （財）光産業技術振興協会編、情報記録テクノロジーロードマップ報告書、（財）光産業技術振興協会（二〇〇六）pp.1-82
(9) （財）光産業技術振興協会編、極限インフォニクス技術に関する調査研究報告書（近接場光技術等の現状と将来）、（財）光産業技術振興協会（二〇〇〇）p.217
(10) C. Shannon, IEEE Trans. Information Theory, 2 (1956) p.3

第三章　ナノフォトニクスを支える分光分析の最先端

成田貴人

第一節　分析は縁の下の力持ち

第四章以降で詳しく紹介されているように、ナノフォトニクスは新しい技術を次々と生み出し、身近な家電製品などに応用展開されようとしています。一般に認識されることは少ないのですが、このような新しい技術が発展する際には、必ず新しい分析技術が必要となります。

たとえば、ピラミッドを建造することを考えてみましょう（図３・１）。歪まないようにピラミッドを積み上げるためには、大きさや形のそろった石をたくさん準備する必要があります。そのためには、石材を切り出す技術も必要ですが、それと同時に個々の石の長さや形を正確に測定する技術もなければなりません。また、ピラミッドの方向は東西南北にぴったり合っていますが、そのようにピラミッドを積み上げるには、重たい石を積み上げていく技術だけでなく、東西南北を正確に計測してピラミッドをつくる場所を明らかにする技術も必要となります。さらに、重たいピラミッドを積み上げたあとに地面が沈み込まない場所をあらかじめ調べて分析する技術も必要です。ピラミッドの建造は、人類史上画期的な事業でしたが、その陰には測定する、計測する、分析するといった、分析技術の発展がありました。

ナノフォトニクスも、リソグラフィ、ストレージ、光デバイス、加工といったさまざまな分野への応用が広がっています。ピラミッドの場合と同じく、そのすべての分野において新しい分析

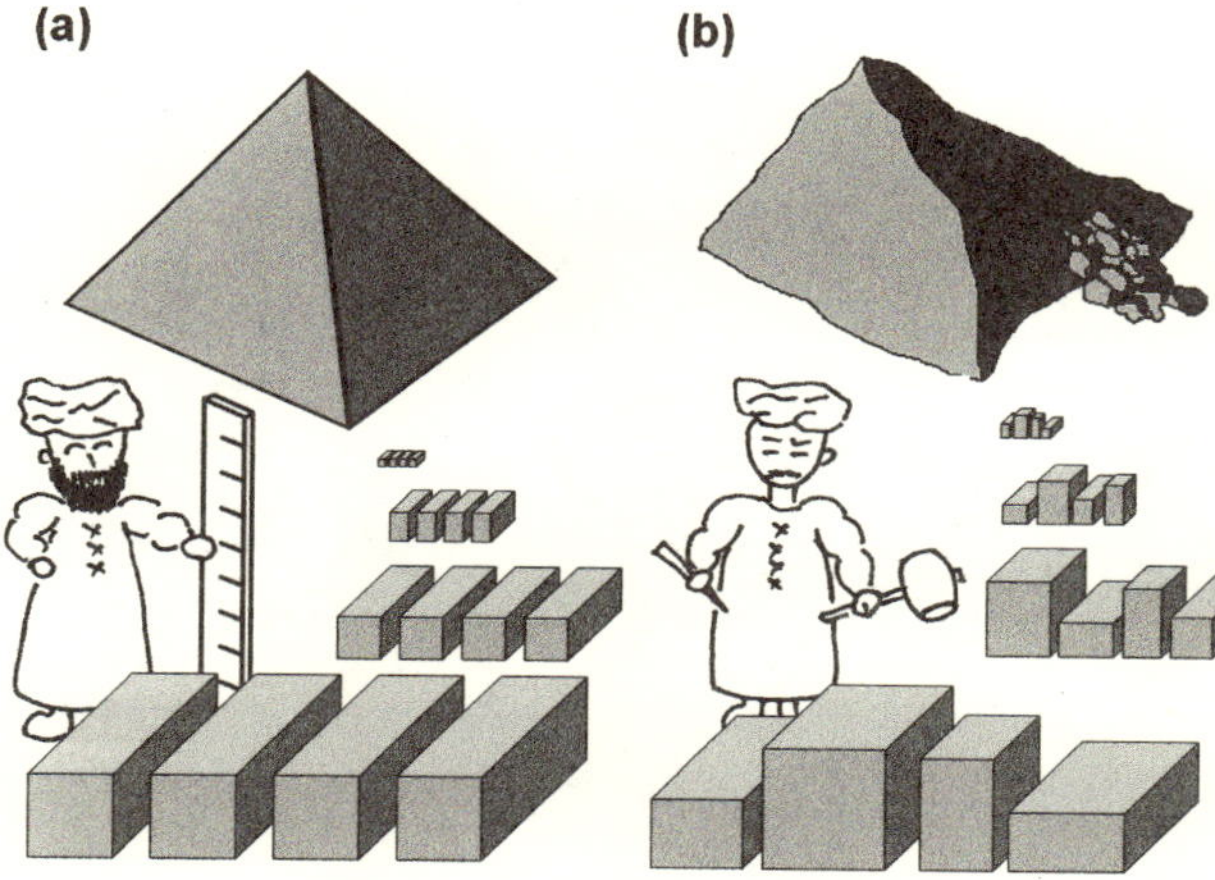

図 3.1　ピラミッドと分析。(a) 分析があればきれいに積める、(b) 分析がないと問題も山積み。分析力の違いが品質や効率に大きく影響します。

技術が必要とされています。ナノフォトニクスを用いたリソグラフィや加工においては、ピラミッドの石材加工と同じく、加工寸法や角度といった形状を測る技術が必要になります。また、ストレージや光デバイスでは、ピラミッドの方位や地盤と同じく、どう製作すればきちんと機能するようになるか、製作後に何か問題が発生しないか、といったことを調べる必要があります。もし仮に分析ができていなかった場合はどうなるでしょうか？　ピラミッドの例で考えると、石材の大きさがそろわないためピラミッドの形が歪む、崩れてしまう、太陽の方向とずれてしまう、地盤が沈んでしまう、などの問題が起き、現在私たちがその姿を見ることはできなかったかもしれません（図3・1(b)）。

図 3.2　分析が支える広い製品分野。分析は直接消費者の目に触れることはありませんが、さまざまな製品や技術を陰から支えています。

分析がなくてもピラミッドは完成し、またナノフォトニクスの応用は広がるかもしれませんが、せっかくつくったものが役に立たなかったり、あとになって問題が発生したりする可能性があります。このように、製品を普段使っているときには特に意識されることはないのですが、分析はあらゆる製品を陰で支えている重要な技術なのです（図３・２）。

ピラミッドの時代から人類は叡智を積み重ね、産業の発展とともにさまざまな分析技術も生み出してきました（図３・３）。物質の形や長さを測るために、電子顕微鏡や原子間力顕微鏡が開発され、原子の形状を直接観察することができるまでになっています。このような分析技術は、形状分析と呼ばれています。形がわかるとその物質が何からできているかを調べる必要が生じますが、このためには質量分析装置やX線分析装置が開発され、どの原子がどのくらいの割合で含まれているのかを明らかにできるようになっています。こ

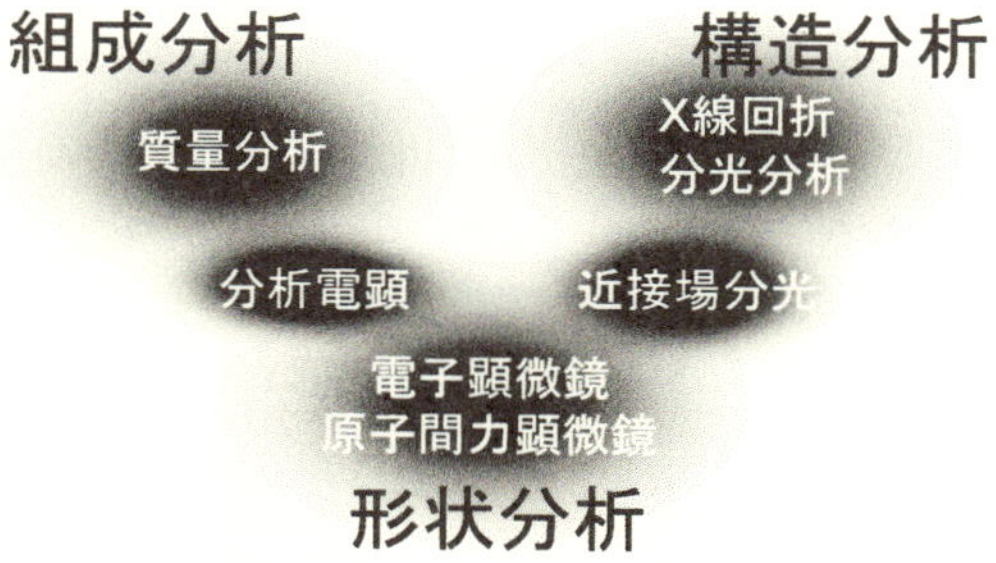

図 3.3　代表的な分析技術。非常に多くの分析技術が開発されていますが、形状分析、組成分析、構造分析の3つに大別することができます。

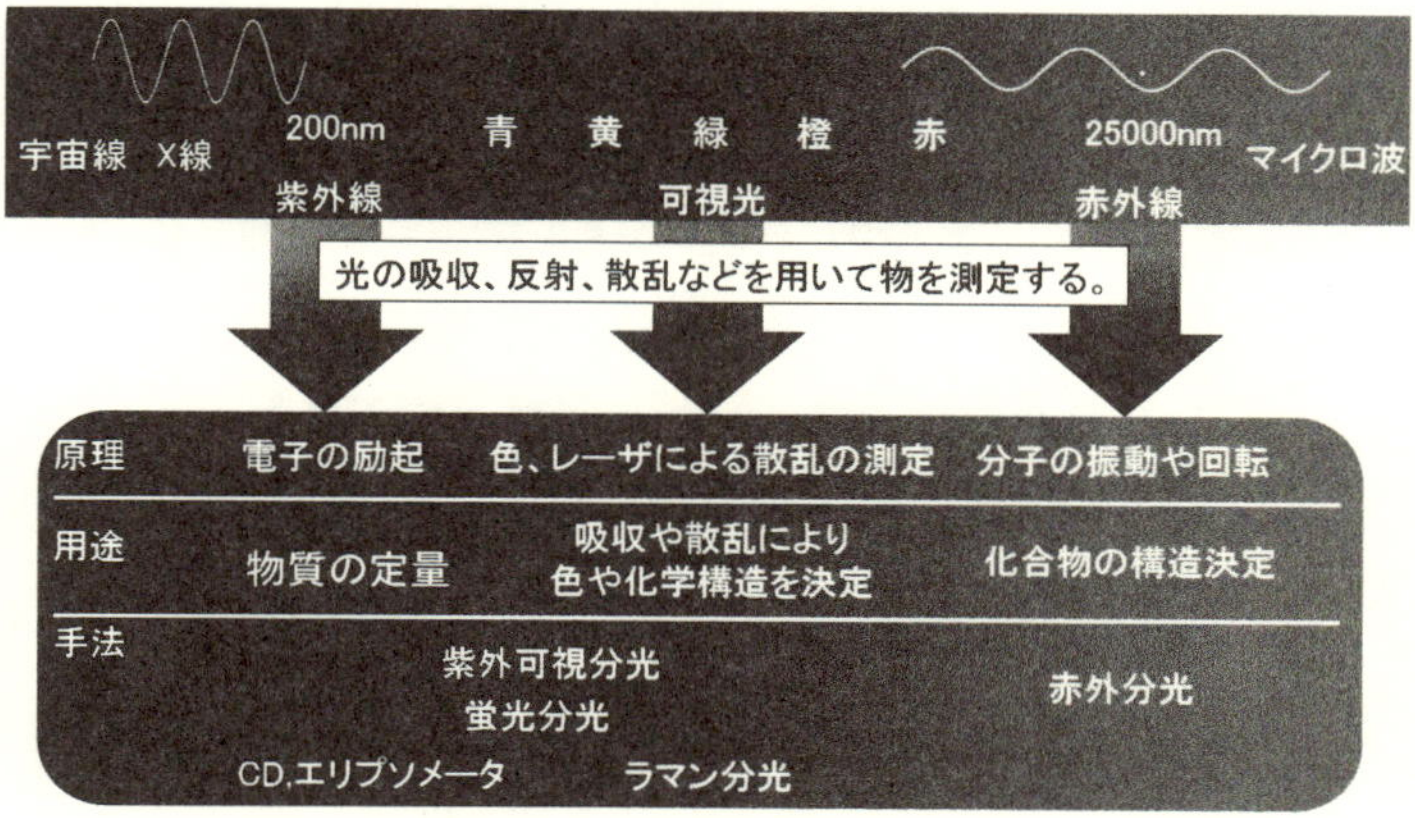

図 3.4　光の波長と分析。電磁波の波である光は、波長によってさまざまな名前がつけられています。波長によって物質との相互作用の原理が異なるので、それらを利用した多様な分析装置や手法が開発されています。

のような分析は組成分析と呼ばれています。また、何からできているかわかると、次はそれが内部でどんな構造になっているかを知る必要がでてきますが、そのような分析は構造分析と呼ばれます。構造分析は光を用いるのが最も一般的で簡便な方法です。光は構造（物質）に特有な透過、反射、吸収、回折などの相互作用を起こすので、物質に照射された光の波長ごとの強度の変化（分光スペクトル）を測定することで、物質の内部構造を明らかにできます（図３・４）。このような分光装置を使った分析技術は分光分析と呼ばれています。この形状分析、組成分析、および構造分析の三つの分析手段を得たことにより、産業は大きく発展してきました。

第二節　ナノフォトニクスのためのナノフォトニクス

それでは、ナノフォトニクスの発展に必要な分析技術とは何でしょうか？　ナノフォトニクスのキーワードは、「ナノ＝小さい」と「フォトニクス＝光」です。つまり、ナノフォトニクスという言葉だけをみると電子顕微鏡をはじめとした小さいものを見る形状分析と、光を使った分光分析を用いればよいと思われます。光は私たちの日常生活においても身近な存在であるため、古くから詳細に研究され、その成果としての分光分析の完成度は非常に高くなっています(図３・４)。現在では目に見える可視光だけでなく、目に見えない光である赤外光や紫外光も含めた広い波長領域での光を捕らえ、さらに光を構成する最小の単位であるフォトンを数えることさえできます。

また、一九六〇年代に発明されたレーザによって、一秒の千兆分の一という高速な時間スケールで光を捕らえることができるようになっています。そのせいでしょうか、「ナノフォトニクス」という言葉をはじめて聞いたときは、「既存の分析技術を使えば、なんとかなるだろう」程度に考えていました。しかし、大津教授により提唱された「ナノフォトニクス」の全容が次第に明らかになるにつれ、これは大変なことになった、と青ざめたのを覚えています。

それは、いままで蓄積されてきた分光分析技術はまったく役に立たないことが予見されたからです。ナノフォトニクスはナノ寸法で隣あった物質の間の光のやりとりによって機能します。ですから、ナノフォトニクスの機能を分析しようと思ったら、ナノ寸法の場所からの信号だけを捕らえなければなりません。小さい場所からだけの混じりけのない信号を捕らえるには、そこ以外からの光をさえぎることのできる、小さな穴の開いた遮光板を通せばよいと思われるかもしれません。これは、この穴がある程度の大きさをもっているときにはうまくいきます。光は波長が数百ナノメートルから数十マイクロメートルの電場と磁場の波なので、穴が波の波長より大きければ光の波は穴をすり抜けることができるからです。しかし、穴が波長と同じか、それより小さくなると、途端に光は穴を通り抜けにくくなります。やっと通り抜けた光も穴のへりにより方向が曲げられて回折を起こし、検出のために光を集めることが困難になります。もし仮に、穴から通り抜けてきた光を、微弱な光を検出する術を駆使して強引に検出したとしたらどうなるでしょうか？　とりあえず小さい場所の分光分析ができそうに思えますが、これではまだナノフォトニク

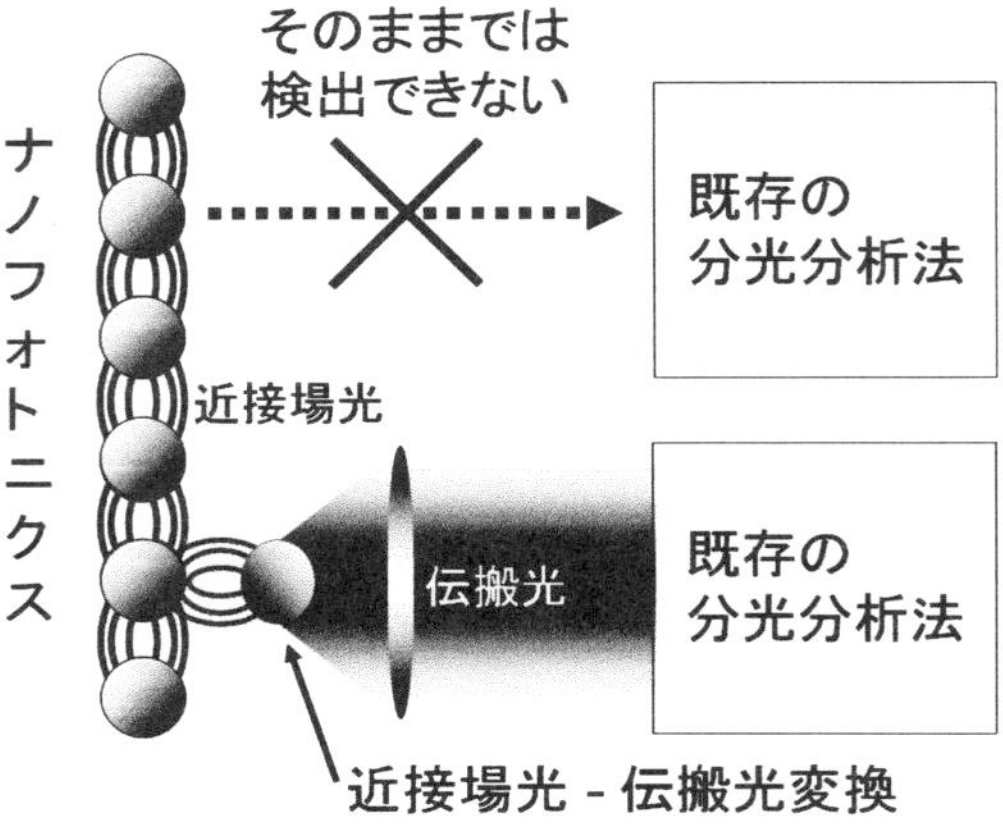

図 3.5 近接場光による分光分析。ナノフォトニクスの世界を分析するためには、近接場光を伝搬光に変換し、既存の分光分析技術を組み合わせる必要があります。

スの分析はできないのです。

そもそも、ナノフォトニクスでは物質表面に局在した近接場光を利用します。その光はあくまでも表面に「局在」しているので、どんな高性能な検出器をもって待ち構えていても近接場光が検出器に届くことはありえません（図3・5）。この点が、空間を伝わる波である光（伝搬光）を使っていた従来の分光分析と決定的に違っています。従来の分光技術で分析しようとしても、ナノフォトニクスの信号は永久に得られないし、また仮に何か信号を得たとしてもそれは間違いだ、ということになります。ナノフォトニクスが、単にナノサイズになったフォトニクスであれば、小さい穴を使ってがんばれば、いままでの分光分析技術でも分析できるかもしれません。しかし、「ナノフォトニクス」は「ナノ」＋「フォトニクス」ではなく、あくまでいままでとまったく違う世界であるため、分析技術としても一から考え直さなければならなくなってしまったのです。

それでは一体どうするのか。困り果てた末に辿りついた結論は、単純だけれども非常に挑戦的なものでした。ナノフォトニクスは、従来のどんな光技術でもできなかったことを可能にする技術だ。それならば、ナノフォトニクスを分析できるのはナノフォトニクスしかない！　ナノフォトニクスを分析するためのナノフォトニクスを開発しよう‼

第三節　近接場分光分析装置のしくみと特長

とはいってみたものの、ナノフォトニクスによる分析技術の教科書など当然ありませんから、ナノフォトニクスの分析装置とはどうあるべきか、一から整理する必要があります。まず、ナノフォトニクスの扱っているものは「光」なので、光を分析する分光分析であることが必須です。また、将来的にはともかく、現在はナノフォトニクス専用の検出器はありませんので、従来の分光分析のための光検出器を使わざるをえません。ということは、この光検出器を使うためには、表面に局在している近接場光を何らかの方法で伝搬光に変換する必要があります。一度、変換してしまえば、古くから研究され、使い慣れた従来の分光分析のさまざまな技術がそのまま使えることになります。

そこで、ナノフォトニクスのための分析装置とは、図３・５に示されているように次の二点を満たせばよいことがわかります。①近接場光を伝搬光に変換する。②変換され、取り出された伝搬光を従来の分光分析技術によって検出する。このことは、ナノフォトニクスの分析法を確立する際に誰でも飛びつきがちな①のようなナノフォトニクス特有の問題だけ見ていてもダメで、②のようにちょっと古臭く感じるような、すでに確立した技術を正しく使いこなすことが重要となることを示唆しています。見方を変えると、ナノフォトニクスのための分析とは、独立した新しい分析法ではなく、すでに研究し尽くされた感のある分光分析技術の幅をさらに広げるものだと考えることもできます。

それでは近接場光を伝搬光に変換するにはどうしたらよいでしょうか？　第二章に解説されているように、近接場光の発生と逆の手順を追って近接場光に粒子を入れて光を散乱させればよさそうです。この粒子のような、近接場光を伝搬光に変換する素子を近接場光プローブと呼びます（図3・6）。近接場光プローブは、その最先端に近接場光を伝搬光に変換するための微小な突起をもちます。この突起のまわりには、突起により伝搬光に変換され散乱された光のほかにも、近接場光と関係のない伝搬光が大量に存在しています。そこで、近接場光だけを集めるように、先端の突起以外の部分を薄い金属膜で覆い、突起以外の部分からの光をすべて除去します。こうすることで、ナノフォトニクスの真の信号だけを捕らえることができます。

はじめに説明したとおり、分析は他の産業の基礎になるものですから、真の信号だけを取り出せることは非常に重要です。取り出した信号は、そのまま光ファイバを経由して検出器に送られます。近接場光プローブは形や素材を工夫することで、近接場光のさまざまな側面を強調して引

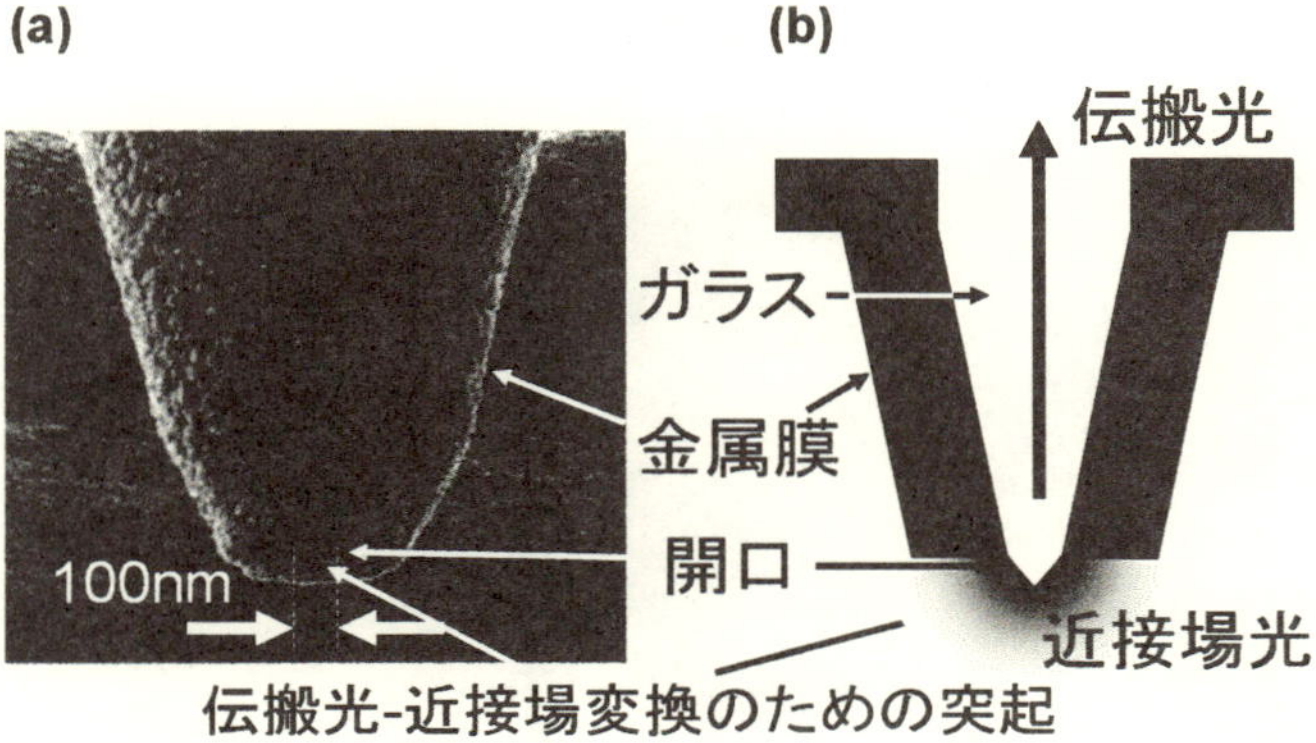

図 3.6　近接場光プローブ。(a) 製作例、(b) 模式図。近接場光プローブは金属膜で覆われた尖ったガラスの、先端の突起だけが飛び出た形をしています。先端の突起が、近接場光を伝搬光に変換する働きをします。

き出すことができるようになります。たとえば、先端の突起を小さくすれば小さい部分だけの情報を、大きくすれば大きい部分だけの情報を、先端を歪んだ形にすれば偏光という光のゆがみ具合を捕らえることができます[1]。このように、近接場光プローブはナノフォトニクスの世界と従来の分光技術をつなぐ翻訳機と考えることができます。

このようにして近接場光が伝搬光に変換されれば、それを既存のさまざまな分光技術で扱うことができます（図３・７）。分光分析は、使用している光の波長によって赤外、可視、紫外に大きく分けることができ、それぞれ波長に特徴的な情報を引き出すことができます（図３・４）。

たとえば、①赤外分光分析では、有機物の構造の解析や未知物質の同定[2]、[3]、②可視分光分析では、光ストレージによる記録結果や光デ

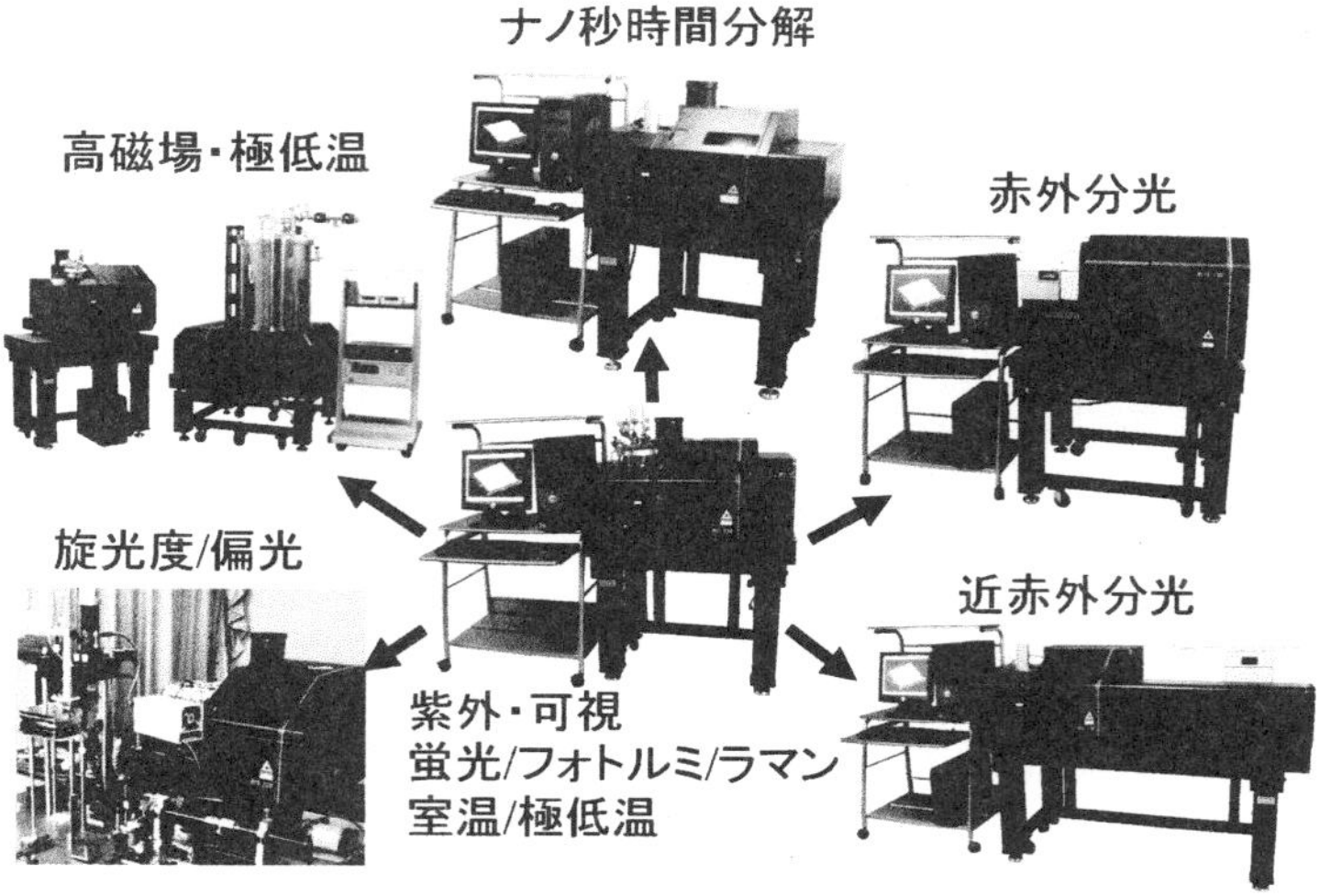

図 3.7　近接場分光分析装置の例。各種の分光分析と組み合わせることにより、ナノフォトニクスの世界のさまざまな情報を測定し、分析することができます。

バイスの作動特性の分析[4]〜[6]、③紫外分光分析では、物質中の電子準位の構造の解明を行うことができます[7]、[8]。

通常、分光分析はこのように波長帯によって区別されることが多いのですが、近接場光の原理はどの波長帯にも適用することができます。したがって、あるナノフォトニクスの特性を調べたいときには、それが最も得意な分光分析法を選べばよいだけです。そして、得られたデータの解釈には、いままで蓄積されてきた分光分析の知識を流用することができます。さらにはそれらの時間変化を高速で追ったり、大気中だけではなく、真空中・水中・高磁場中・極低温中といったさまざまな状態でもそのまま分析したりすることができます。これは、生体反応をナノフォトニクスに応用する場合や、ナノフォトニクスによる素子の作動原理を明らかにする基礎実験などで必要になります。近接場光プローブによってナノフォトニクスを従来の光へと翻訳し、古くから培われてきた分光分析のノウハウを総動員することで、はじめてナノフォトニクスに分析の光をあてることができるようになるのです。

第四節　見えないものが見える

ナノフォトニクスのためのナノフォトニクスである、近接場分光分析がナノフォトニクスに貢献する手段は二つあります。一つは、見えないくらい小さいものが見える、ということです。第二章や第二節で述べられているように、光にはどんなに絞り込んでも光の波長より大きな広がりをもってしまうという回折現象がみられます。このために、従来の分光分析では波長より小さいものを分析することは不可能でした。しかし、近接場光には、その空間的な広がりは光の波長にはよらないという特長があります。このためにナノフォトニクスの世界に限っては、光を波長より小さい領域に集中させ、それによってその小さい部分のみの分光分析を行うことができるようになります。つまり、いままでは小さすぎて光を使って見ることのできなかったものまで分析できるようになった、ということです。これは第二章の解説に従うと分光分析における量的変革と表現することができます。

波長より小さい領域にデータをできるだけ詰め込む必要のある光ストレージの光スポットや微細加工の加工結果は、光で書き込みや加工が行われているので物理的なでこぼことした形状には必ずしも現われず、光でしか見分けることのできない違い（直感的には、たとえば色の違い）にしかなりません。そのため、電子顕微鏡や原子間力顕微鏡といった形状測定に特化した顕微鏡では分析することができません。また、従来の分光分析技術では見えないくらい小さいので、近接場分光によってはじめて形状分析が可能となります。ナノフォトニクスを応用した近接場分光分析では、表面のでこぼことした形状のほかにも、光でしか見分けることのできない情報の形状も明らかにすることができるのです。

ナノフォトニクスで扱うようなナノスケールの構造を近接場分光で分析した例を紹介します（図３・８）。最近話題の青色発光素子に代表されるような、照明やディスプレイ用の光源である発光ダイオード（ＬＥＤ）やレーザダイオード（ＬＤ）は、ガリウムやヒ素などの化合物である半導体からできています。この半導体に電流を流したり光をあてたりすると、半導体が発光します。これを照明やディスプレイの光源として用いるためには、できるだけ一つの波長（色）で強く発光することが求められるので、半導体の化学組成を変化させたり、その構造を工夫したりしています。図３・８に示すのは構造を工夫した例で、ある化学組成の半導体を非常に細いワイヤー状にしたもので、量子細線（カンタム・ワイヤー）と呼ばれています。この構造にすることで

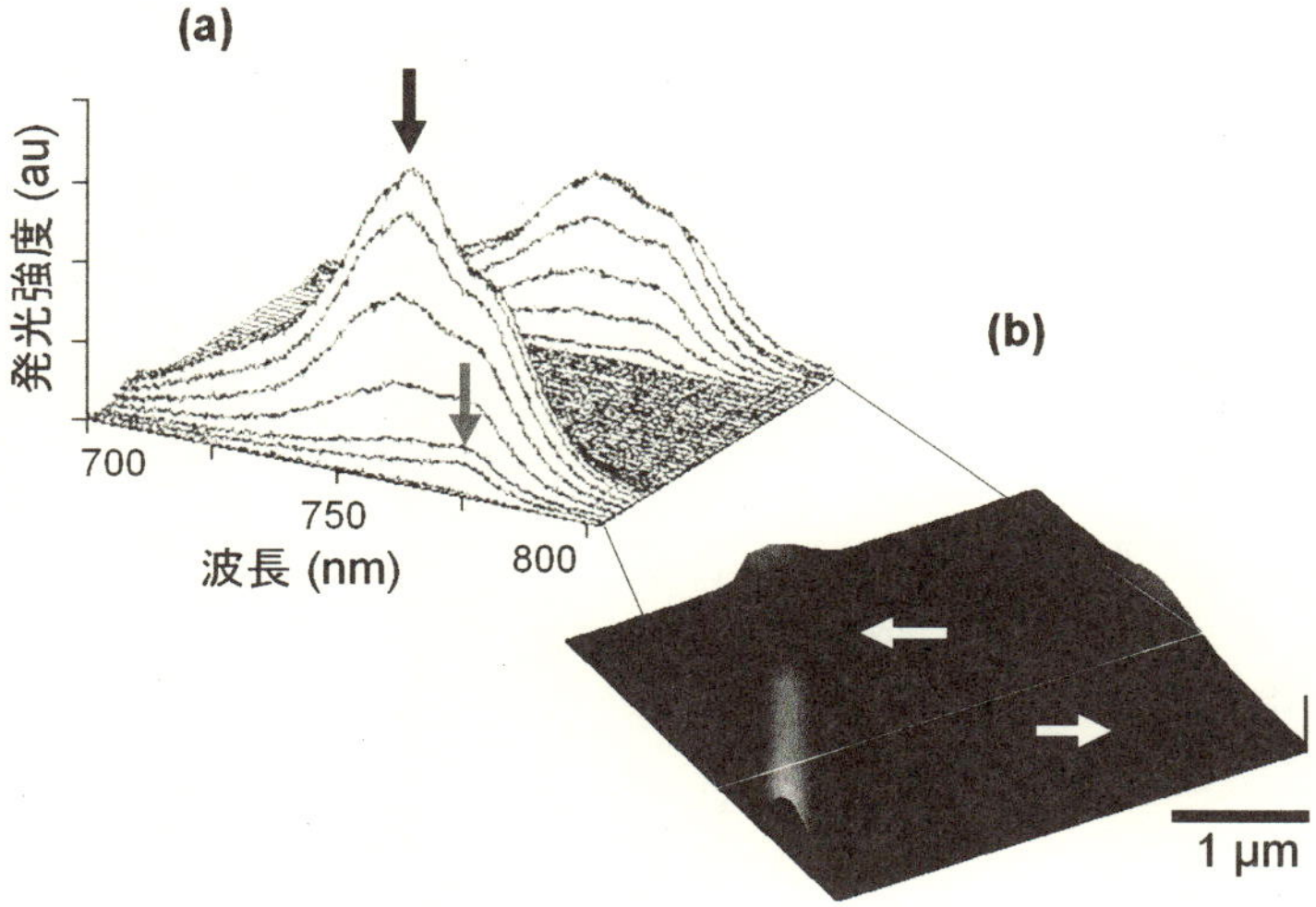

図 3.8　量子細線の分析例。(a) 発光スペクトル、(b) 発光強度の面分布。半導体のナノスケールの細線構造である量子細線は、レーザダイオード（LD）などの効率を上げることができます。近接場分光分析により、発光強度やスペクトルの場所によるムラを明らかにすることができます。

波長がそろい、発光も強くなることが知られているのですが、ワイヤーの径が光の波長（数百ナノメートル）よりはるかに小さい三〇ナノメートル程度なので、そのワイヤーの内部ではどのような光が出ているのか、また場所によって光のムラがあるのかどうかは調べる術がありませんでした。

近接場分光を使って発光分析を行った結果である図3・8(b)を見ると、測定された領域に二本のワイヤーが見えています。このワイヤーの像は、でこぼことした形状ではなく、ある光の波長（色）でみた形状です。ですから、でこぼことしたワイヤーをきちんと二本つくったつもりであっても、このように近接場分光の目から見ると、矢印に示された部分で明らかなように、右側のワイヤー全体と左側のワイヤーの一部が欠けたように暗くなっていることがわかります。これは形としてのワイヤーをつくったつもりであっても、発光する素子としての機能がきちんとしていないことが原因です。この結果をもとにワイヤーのつくり方などを再度検討しなおして工夫することにより、ワイヤー全体が左側のワイヤーの下半分のようにきちんとできれば、発光の強さがざっと二倍くらいにはなるだろう、ということがわかります。

また、図3・8(b)の中の白い線に沿って、どのような波長（色）の光が出ているのかをまとめた図3・8(a)を見ると、場所によって強い波長（色）が変化していることがわかります。図(a)の手前側に注目すると、ワイヤーの縁では七七五ナノメートルの波長に相当する光（灰色の矢印）が最も強く、ワイヤーの中心付近では七六〇ナノメートルの波長に相当する光（黒色の矢印）が最も強くなっていることがわかります。発光の見た目や通常の分光分析ではまったくわからなかったことなのですが、実はナノフォトニクスのスケールでは色ムラがあるのだということがわかります。そこで、何か別の工夫をすることで、この場所による色ムラをなくすことができれば、まだまだ色のそろった強い光をつくり出せる余地があることがわかります。

このように、一体何がどうなっているのかさっぱり見えなかったものが、ナノフォトニクスを使った近接場分光分析という量的変革を実現することで、はじめて見えるようになり、「きちんと動いている！」とか「ここがおかしい！」とはっきりいえるようになるのです。

第五節　新しい現象を発見！

第四節で紹介したとおり、近接場分光分析により、見えないくらい小さいものが見えることがわかりました。しかし、ナノフォトニクスの本質とは決して「小さいこと」だけではありません。いままでの光では考えもしなかった現象が発生し、それが新しいリソグラフィの書き込みの原理や光デバイスの新しい機能の原理となります。ナノフォトニクスのための近接場分光分析のもう一つの使命は、そのような新しい現象である質的変革を確認することです。このようなナノフォトニクス特有の新しい現象も、従来の分析手法では決して観測することができないため、その発見、性質の調査や解明、それを応用した素子の動作の確認などは近接場分光分析を使うほかありません。

このようなナノフォトニクス特有の現象は第二章や第六章などに紹介されているようにいくつも見つかってきていますが、ここでは光と結晶の間で起きる現象を考えてみます（図3・9(a)）。はじめに、ナノフォトニクスではない、従来の光と結晶の間ではどのようなことが起きているか思い出してみます。光は、空間を伝わる電場と磁場の波と考えることができ、その波長は目に見える可視光で数百ナノメートル程度です。一方で、結晶とは、原子が格子状につながったものと

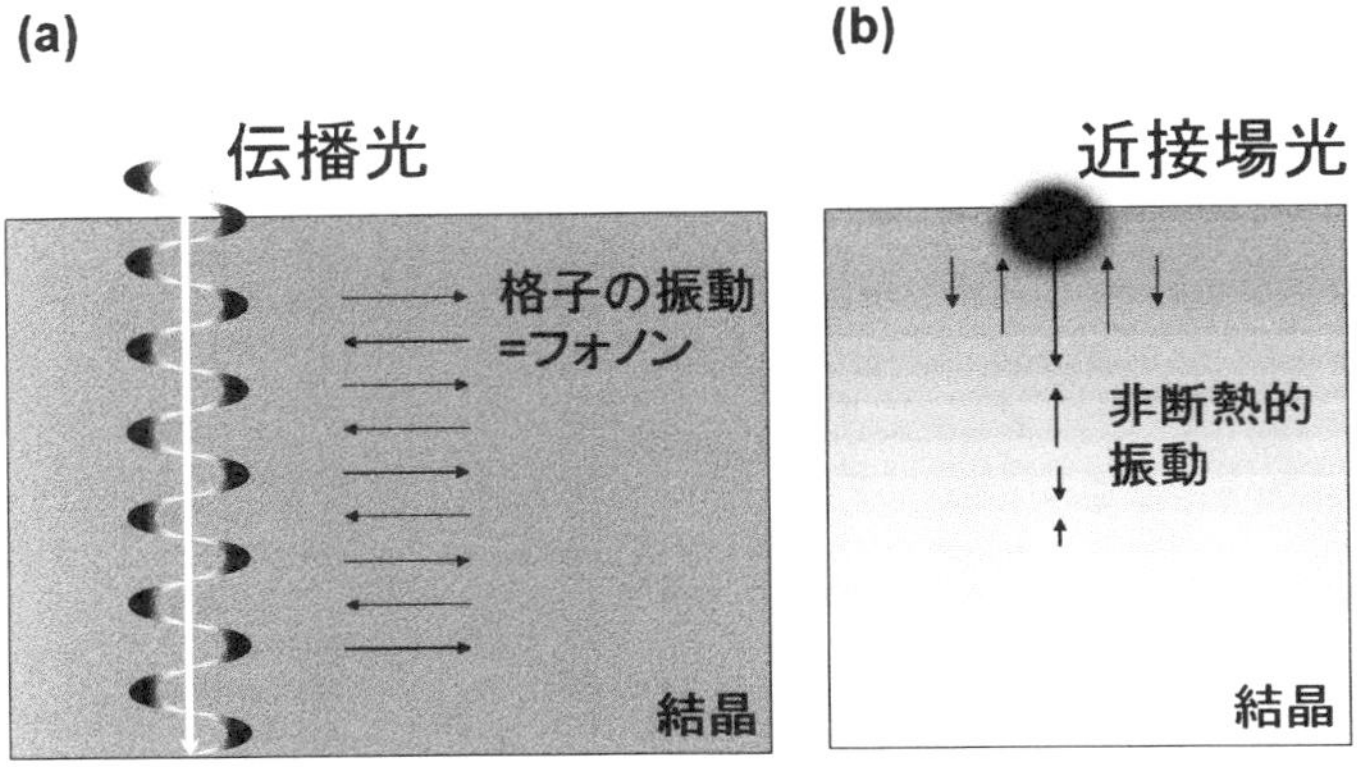

図 3.9　光と結晶の相互作用。(a) 従来の考え方、(b) ナノフォトニクスによる考え方。光の波長は結晶格子より十分大きいので、格子は集団的に運動するものとして扱っていました。ナノフォトニクスでは、違う見方をする必要があります。

考えることができ、その格子の大きさは、一ナノメートル以下です。光が結晶の中に入ると、光の電場によって原子を構成する電子や核が電気的に力を受けると同時に、その反作用として光も結晶から電気的な力を受けます。ここで、結晶の格子は光の波長の一〇〇分の一以下なので、光から見たときには結晶の個々の格子は小さすぎて区別ができず、結晶は一様な海のようなものと考えてよいことになります。よって光が結晶を通るときには、結晶は光から大雑把に全体として揺さぶるような影響を受けることがわかります。このような影響の反作用として、光は結晶を通るときに力を受け、反射、吸収、屈折、回折といった現象を起こします。また、その現象が光の波長によって異なるときは、その結晶を透過したり反射したりした光に色がつくことになります。

一方、ナノフォトニクスで扱う近接場光が結晶にあたった場合は、事情が変わります（図３・９(b)）。近接場光の大きさは、光の波長より小さく結晶の格子の大きさに近づいています。その結果、結晶全体に対してではなく、ごく一部の格子をつまんで揺するような影響を与えることになります。結晶に対してこのような影響を与えることは近接場光以外の光では不可能です。

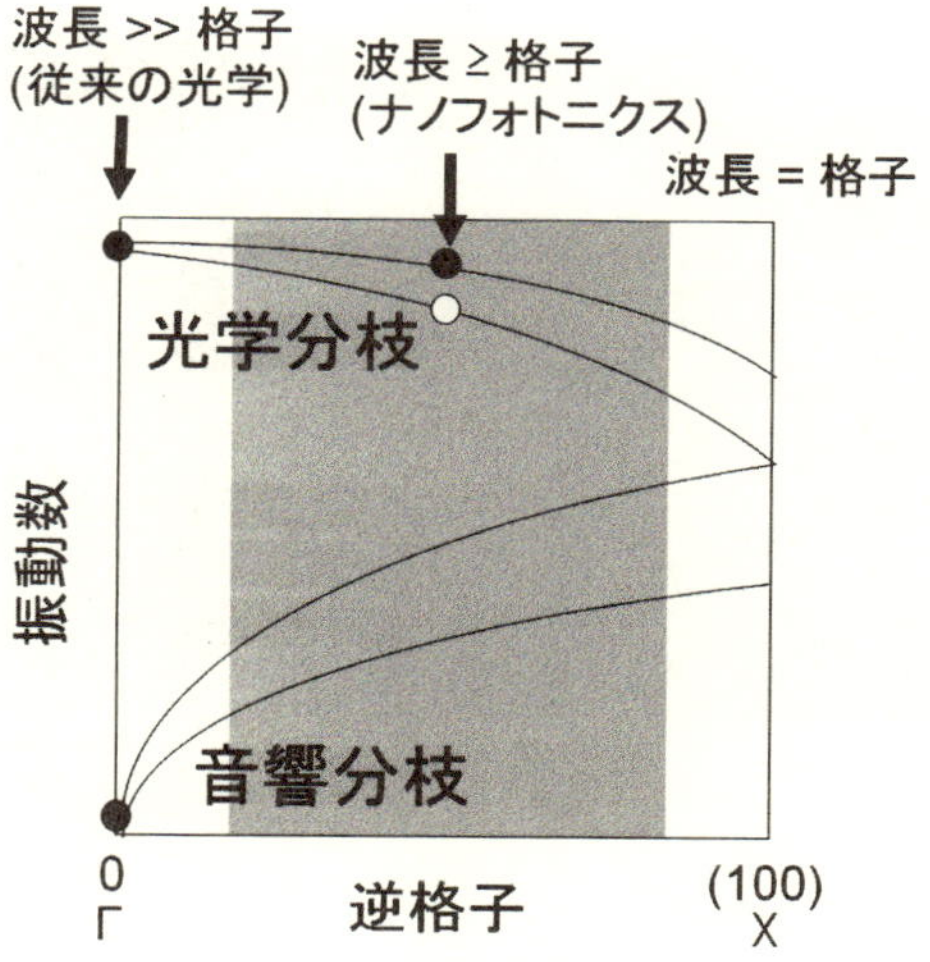

図 3.10　フォノンの振動モード。結晶格子の振動であるフォノンにはいくつかのモードが知られていますが、従来の光により励起または観測されうるモードはそのうちの一部です。ナノフォトニクスでは従来は扱えなかった図 3.9(b)のようなモードを励起したり観測したりすることができる可能性があります。

具体的な例を一つ挙げてみます。結晶が光から揺さぶるような影響を受けたとき、結果として結晶の格子も波状に歪みながら振動することが知られており、フォノンと呼ばれています。ある結晶に光をあてたとき、どのようなフォノンが発生するのか、といったことは理論的に詳細に研究されています[9]。図３・10に

図 3.11　ポリジアセチレンの結晶。白川博士がその研究でノーベル賞を受賞された、電気伝導性の有機高分子結晶の 1 つであるポリジアセチレンは、さまざまな工業応用が期待されています。

は、典型的な結晶でのフォノンの波長と振動数（エネルギー）の関係（分散関係）が示してあります。ここで重要なことは、このフォノンをどうやって観測するか、利用するか、という点です。フォノンは光を使って励起したり観測したりするしかないのですが、光の波長は格子の大きさより十分大きい（図3・9(a)）ので、図3・10の左端のX＝0上の黒丸や灰色丸の値しか励起したり観測したりすることができないことになります。しかし、ナノフォトニクスによる近接場光の大きさは格子の大きさに近づくので、いままで理論的にしか想像されていなかった、図3・10の中心付近のフォノンも捕らえたり利用したりすることができるようになります。

このようなフォノンは、ラマン分光法[10]、[11]という分光分析法で測定することができるので、ポリジアセチレンの結晶（図3・11）に対して分析をした例を紹介します。ポリジアセチレンは、

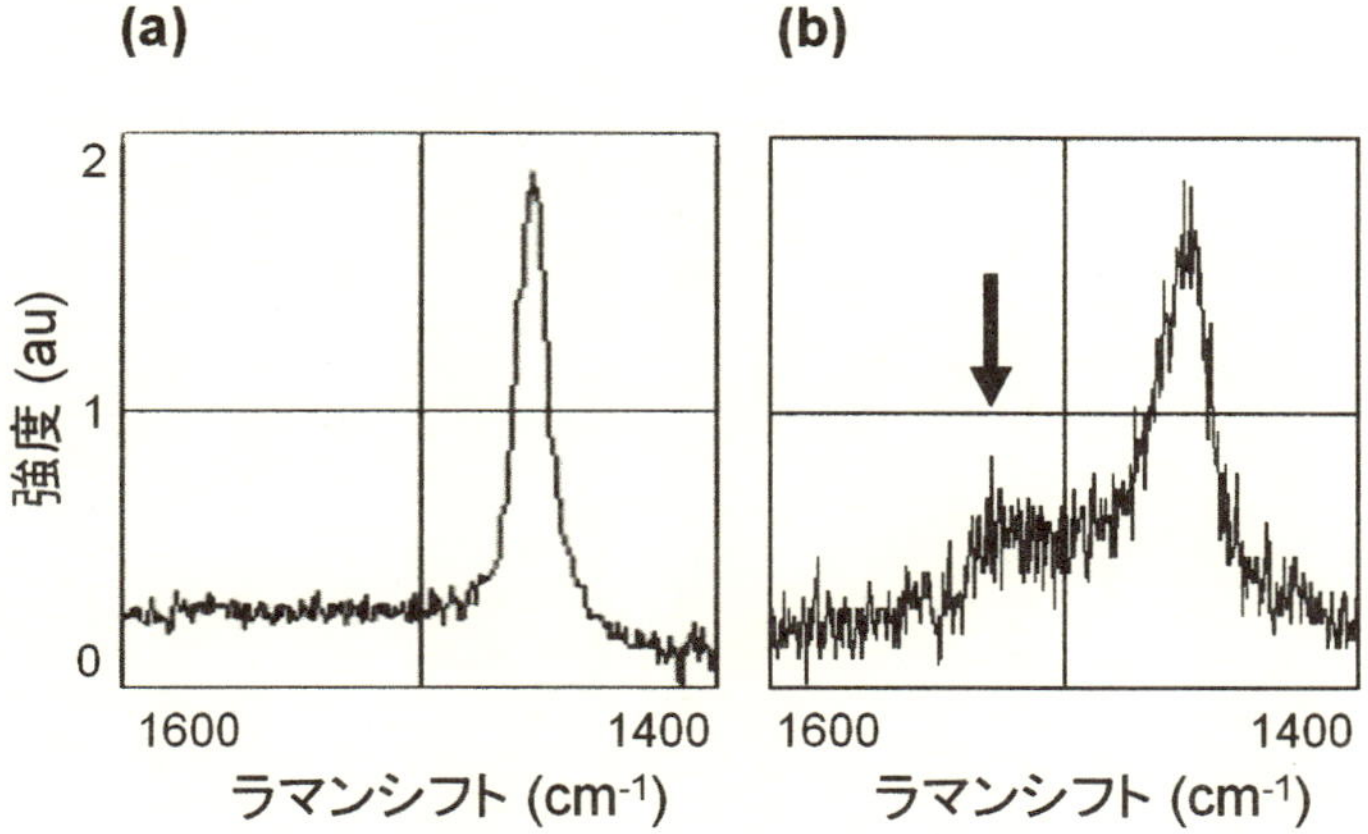

図 3. 12　ポリジアセチレンのラマン分光分析。(a) 従来法によるラマンスペクトル、(b) 近接場ラマン分光によるラマンスペクトル。ラマン分光分析により、結晶中のフォノンを調べることができます。ナノフォトニクスを利用した近接場ラマン分光スペクトルでは、従来のラマン分光法ではみられないフォノン（矢印）が観測されています。これは、図 3.10 に白丸で示されている、ナノフォトニクスでしか観測できない図 3.9(b) のようなモードである可能性があります。

電気を通す電気伝導性の有機高分子結晶の一つで、筑波大学の白川秀樹博士が二〇〇〇年にノーベル化学賞を受賞されたことで有名になった結晶です。この結晶を従来のラマン分光法で測定すると、フォノンに相当するピークが測定領域の中に一つ観測されます（図３・12 (a)）。これは図３・10 の X=0 上の黒丸に相当します。それに対して、ナノフォトニクスの目で見ることのできる近接場ラマン分光法で測定すると、大きいピークと小さいピークの二つが観測されており、フォノンが二つあることがわかります（図3・12(b)）。この二つのフォノンは、図3・10の中央付近の黒丸と白丸に相当するものと考えられます。これらのうち図3・12(b)の矢印で示したピーク（図3・10の白丸に相当）こそが、光で結晶全体を揺さぶることでは決して発生しない、ナノフォトニクスにより結晶のごく一部をつまんで揺さぶることによってはじめて確認されたフォノンと考えられます。ここで示したのは二つのピークにすぎませんが、ナノフォトニクスによる近接場分光分析ではじめて捕らえることのできるこのような新しい現象の意味は大きく、たとえばこの二つのフォノンを使って新しいナノフォトニクスの光デバイスをつくろう、という話に発展していきます。具体的な例は、第六章で紹介されています。

ここまで概観してきたとおり、ナノフォトニクスを応用した近接場分光分析は、ナノフォトニクスが今後進歩展開していくために必要不可欠なツールの一つです。近接場分光分析によってはじめて見えるようになったこと、はじめて見つかったことを基礎にしたり参考にしたりしながら、ナノフォトニクスはリソグラフィ、大容量光ストレージ、光デバイス、先端微細加工、光情報通信へと、応用という名前の巨大なピラミッドを構築していきます。近接場分光分析がそのピラミッドを陰から支える様子は第四章以降に具体的に述べられています。また、このような応用が展開し、ナノフォトニクスの知識やノウハウが増えることによって、ナノフォトニクスのための分析技術もまたさらに発展することができるのです。

参考文献

(1) T. Inoue, F. Sato, Y. Narita, “Near-field fiber probe for polarization spectroscopy”, Vibrational Spectroscopy, **35**, pp.33-37 (2004)

(2) 寺前紀夫、西岡利勝編、「近接場顕微赤外分光装置の先端技術と応用、実用分光法シリーズ　顕微赤外分光法」、アイピーシー（二〇〇三）pp.293-309

(3) Y. Narita and S. Kimura, “Fourier Transform Near-Field Infrared Spectroscopy”, Analytical Sciences, **17**, supplement, pp.i685-i687 (2001)

(4) 平尾一之監修、「ナノマテリアル工学大系　第１巻　ニューセラミックス・ガラス」、フジ・テクノシステム（二〇〇五）pp.584-595

(5) 斎木敏治、成田貴人、近接場光学顕微鏡による空間分解分光法の進展、応用物理、**70**, 6, pp.653-659 (2001)

(6) Y. Narita and H. Murotani, “Submicrometer optical characterization of the grain boundary of optically active Cr^{3+} doped polycrystalline Al_2O_3 by near-field spectroscopy”, American Mineralogist, **87**, pp. 1144-1147 (2002)

(7) T. Kawazoe, K. Kobayashi, J. Lim, Y. Narita, and M. Ohtsu, “Direct Observation of Optically Forbidden Energy Transfer between CuCl Quantum Cubes via Near-field Optical Spectroscopy”, Physical Review Letters, **88**, 6, pp.067404-1 – 067404-4, (2002)

(8) A. Kaneta, T. Izumi, K. Okamoto, Y. Kawakami, S. Fujita, Y. Narita, T. Inoue, and T. Mukai, “Spatial

inhomogeneity of photoluminescence in an InGaN-based light-emitting diode structure probed by near-field optical microscopy under illumination-collection mode", Japan Journal of Applied Physics, **40**, pt.1, 1, pp.110-111 (2001)

(9) 工藤恵栄、「光物性基礎」、オーム社（一九九六）

(10) 大津元一、河田聡、堀裕和編、「ナノ光工学ハンドブック」、朝倉書店（二〇〇二）pp.272-279

(11) Y. Narita, T. Tadokoro, T. Ikeda, T. Saiki, S. Mononobe, and M. Ohtsu, "Near-Field Raman Spectral Measurement of Polydiacetylene", Applied Spectroscopy, **52**, 8, pp.1141-1144 (1998)

第四章　ナノフォトニクスからリソグラフィへ

黒田　亮

第一節　超微細加工技術に対する社会の期待

微細加工に対する止まらない要求

世の中はデジタル化が進み、パソコンで用いられる一時記憶用メモリ（ＤＲＡＭ）だけでなく、各種イメージング装置に用いられるデータ保存デバイスも半導体メモリ化が進んでいます。携帯電話やデジタルカメラにおいては、すでに画像データ保存用に半導体メモリ（フラッシュメモリ）が使われていますが、今後は、デジタルビデオカメラの映像データ保存のためにも半導体メモリが主流になっていくことでしょう。高品位の映像データの保存には膨大なメモリ容量を必要とし、たとえば、地上デジタル放送のハイビジョン映像を二時間録画するためには、一二五ギガビットもの大容量が必要となります。

デジタルビデオカメラにおいては、小型化かつ大容量化が必須であり、一チップあたりの記憶容量が一〇〇ギガビット以上の半導体メモリが必要となると推測されます。しかしながら、民生品に用いられるためには大容量であっても一チップあたりの値段が高価となってしまってはなりません。このため、半導体メモリの製造において、一枚のシリコンウェハ基板あたりに取れるチップ数を増やさなければならず、この意味においても一チップあたりのデバイス面積を小さくしなければなりません。これらの理由により、半導体メモリ製造においては、回路パターンの幅を小さくすることによって集積度を向上させるため、より一層の微細加工が必要とされています。また、微細加工には別の面からの期待もあります。それはナノテクノロジーの進展によるものです。一〇ナノメートルレベルのサイズのデバイスは、これまでのマクロなデバイスでは実現不可能であった新しい機能を有することが次々と見出されています。ところが、このようなナノデバイスを実現するにあたり、作製する方法そのものがなかったり、あっても非常に時間や費用がかかるものであったりしています。この点からも一〇ナノメートルレベルの効率的な微細加工技術の創出が望まれているのです。

光リソグラフィ技術開発の現状

それでは、現在の微細加工技術の主流である光リソグラフィ技術について見てみましょう(1)。光リソグラフィとは、原版を反映したパターン状の光を感光材料を塗った基板に照射した後、現像液を用いて感光部分もしくは非感光部分を取り除くことによって、凹凸パターンを形成する加工技術です。

光リソグラフィにおける加工分解能 R は、レイリーの式といわれる式

$$R = (k_1 \cdot \lambda) / NA$$

で表され、加工に用いる光の波長 λ と原版パターンを基板上に投影するレンズの開口数 NA（レンズの直径を焦点距離の二倍で割った数）によって決まります。ここで、k_1 はプロセス係数といわ

れ、感光材料の性質などによって決まる値（〇・三程度が限界といわれています）です。この式からは、加工分解能を向上させるためには、光波長λを小さく（短波長化）、レンズ開口数*NA*を大きく（高*NA*化）しなければならないことがわかります。

半導体メモリ製造のための光リソグラフィ技術開発においては、技術ロードマップが国際的に定められ、これに沿って、短波長光源および高*NA*レンズ、フォトレジスト、プロセス、リソグラフィシステムの技術開発が進められています。このロードマップによれば、現在（二〇〇七年）八ギガビットの半導体メモリが量産されていますが、一〇年後には一二八ギガビットまで大容量化が進むとされています。この半導体メモリの中で用いられている回路パターンの幅は、現在六五ナノメートルであるものが、一〇年後には二〇ナノメートルを切り、二〇二〇年には一四ナノメートルもの細さを実現することが必要とされています。

筆者が新入社員の頃の半導体メモリは、水銀ランプのｇ線（波長四三六ナノメートル）という光を用い、パターン幅一マイクロメートル、容量一メガビットくらいのものがつくられていました。当時、水銀ランプのｉ線（波長三六五ナノメートル）よりも短波長の光源の開発が困難であると見られていたため、光リソグラフィにはもはや未来はなく、同じ電磁波ではあるものの光とは随分性質の異なるＸ線を用いたリソグラフィが将来の最有力候補であるといわれていたものです。それから二〇年、**KrF**や**ArF**エキシマレーザ光源が開発され、さらに水に浸けて光波長λを実効的に**λ/n**（ここで、***n***は屈折率。水の場合、光波長一九三ナノメートルにおける屈折率***n***＝

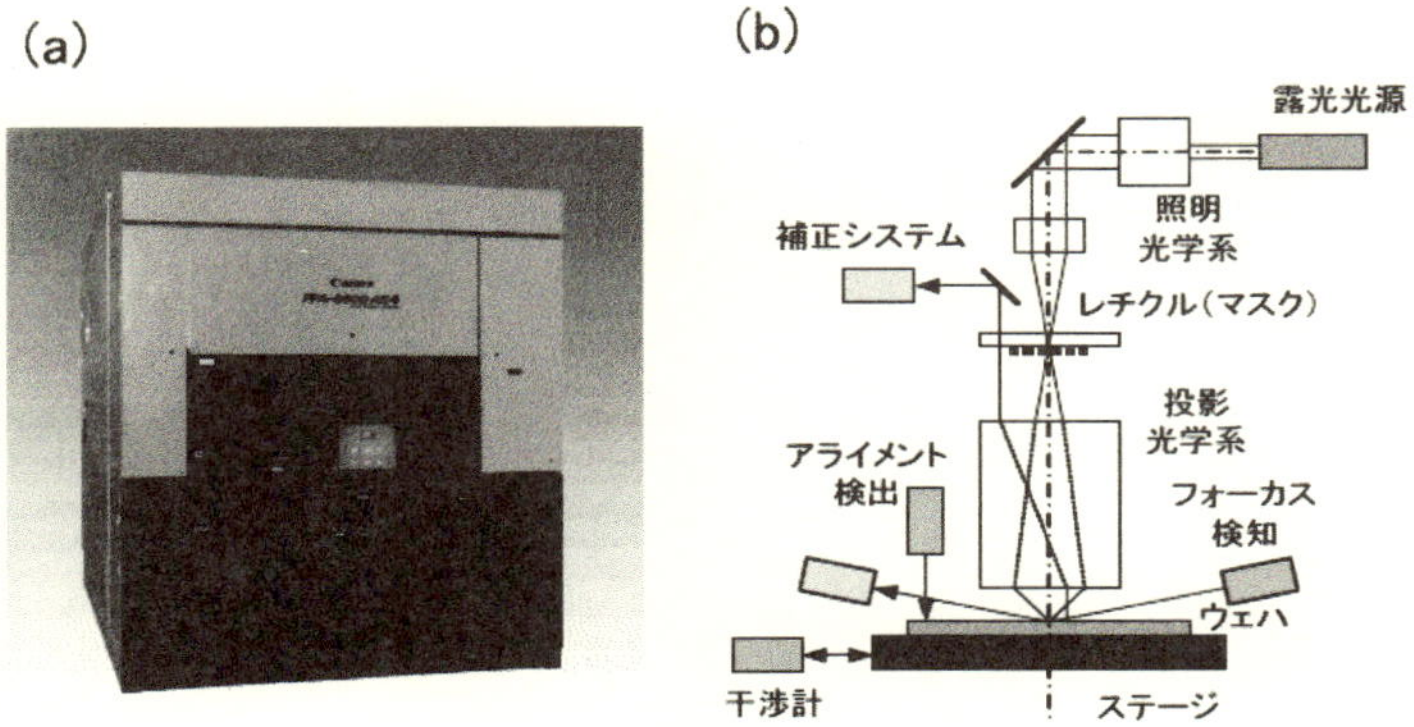

図 4.1　(a) 光リソグラフィ装置と (b) 内部構成

1.47）に小さくするという荒業（液浸光リソグラフィ）も併せ、光の時代が依然として続いています（光の延命ともいわれています）。図４・１に、現在市販されている光リソグラフィ装置の写真および装置内部の構成を示します。光源や投影レンズに加えて高精度位置計測制御系も含め、装置内部は技術の粋を集めた最適設計が進み、極めて高度な先端技術の固まりとなっています。

しかしながら、光にも限界が近づいているのは確かです。それは、必要な性能（出力、スペクトル幅）を満たす短波長光源と、この光源波長に合わせた高*NA*レンズの材料・光学システムの開発が難しくなってきているからです。また、短波長光源そのものの価格、高*NA*を実現するための大型レンズ光学系の価格、レチクルやマスクと呼ばれる原版のパターンを基板上の所定の位置に正確に加工するための精密位置計測や位置制御ステージの価格も高額なものとなっています。今後さらに微細化が進むことにより、装置一台が数十億円の価格になるともいわれ、装置を所有することのコストメリットが一段と考慮されるようになります。半導体メモリ以外のデバイス製造に用いようとしてもなかなかコストに見合わせることが難しくなってくるでしょう。

近接場光リソグラフィの登場

このように、限界が近づきつつある光リソグラフィ技術ですが、短波長化、高*NA*化という方向の発想を転換し、近接場光を用いて微細加工を実現しようというアイデアが提案され、実際に実験によってその可能性が実証されました。これは、近接場光というナノフォトニクス技術を用いて従来の光技術のデッドロックを乗り越えようとするものですが、光リソグラフィの観点からは、新たな視点からの光の延命技術ともいえます。

近接場光を用いたリソグラフィ技術萌芽期の先駆的研究やこれに続く挑戦的な研究については、この本に先行する文献(2)、(3)に詳しく記述されていますので、ぜひこれをご覧下さい。重要なことは、近接場光の概念自体は古いものの、これを操るのがまだ難しいと見られていた時代に、日本の研究者が独自の発想をもって技術を産み出し、実用化が見通せる段階まで困難を乗り越えて育成してきた日本独自の技術であるということです。

私たちの会社でも、当時、東京工業大学の大津先生に講演していただいたことを契機として、近接場光の研究に着手しました。最初はプローブを走査して加工を行っていましたが、スループットに限界があり、それではいっそのこと微小開口を並べてマスクとし、これをフォトレジストに接触させて一括加工してしまえばいいのではという考えに至りました。その頃、同じ職場に山口さんと稲生さんという若手メンバーが加わってくれましたので、恐れも知らずチャレンジングに研究を進めることができました。比較的早い段階で、一〇〇ナノメートル以下の微細パターンを形成でき、「できた！」と大喜びながらも「できるんだねぇ。」と近接場光の潜在力に対して感心する気持ちがあったことをはっきり覚えています。

第二節　近接場光リソグラフィの現在

近接場光リソグラフィの原理

それでは、近接場光リソグラフィの詳細と現状について見ることにしましょう。図４・２に近接場光リソグラフィの原理を示します。金属のように光を通さない物質でできた薄膜に光の波長よりも微小な開口をパターン状に設けた原版（近接場フォトマスク）を用意し、この裏側から光を照射します。そうすると、近接場光がパターンに沿って開口の表側に滲み出してきます（図(a)）。この近接場光が滲み出る距離は、マスク表面からおおむね開口サイズ程度です。この近接場光のパターンに対して、感光材料（フォトレジスト）を表面に塗った基板を近接場光の届く距離以内に近づけると（図(b)）、近接場光のパターンに沿って、感光材料が感光した潜像が形成されます

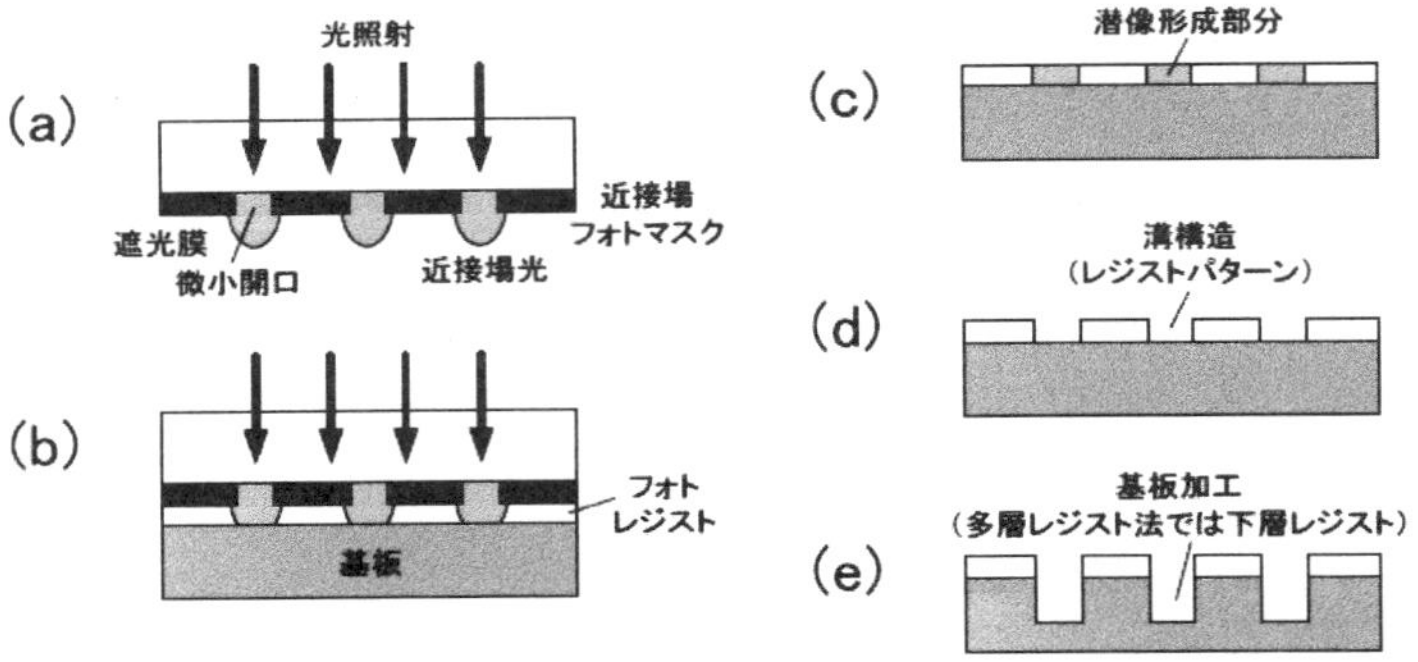

図 4.2 近接場光リソグラフィの原理

（図(c)）。これを現像液に浸けると感光部分（ポジ型フォトレジストの場合。ネガ型フォトレジストの場合は、非感光部分）が溶け、近接場光パターンに対応する溝構造（レジストパターン）が形成されます（図(d)）。この溝構造をもとに、後工程で基板を加工します（図(e)）。

現像時（図(d)）に形成される溝構造のサイズは、マスクの開口から滲み出す近接場光の広がりによって決まるので、開口サイズのみに依存し、照射する光の波長に依存しません。このことは、もはや短波長光源を必要としないことを意味しています。さらに、スペクトルの広い光でも使え、投影レンズを用いる場合に転写パターンをぼやけさせ問題となる収差の影響もありません。

さて、このような波長よりも小さい開口内で光の波長はいったいどうなるのだろうかという疑問が起こります。近接場光においては、確かに波長という概念が考えにくく、近接場光で果たして感光剤が感光可能だろうかという疑問も起こります。これに対する答えは、開口内を通る電磁場も開口出射側の近接場光もその振動数は入射光のそれと同じであり、フォトンのエネルギーとしては変わらず、感光が可能であるということです。

近接場光がマスク開口からフォトレジスト中に滲み出す距離は数十ナノメートル程度なので、フォトレジストに形成する凹凸パターンの高低差も同程度となります。この構造をフォトレジストの下地基板に転写するためには、フォトレジストを多層に積層し、上の層に形成したパターンをエッチング技術を用いて下の層に転写していく多層レジスト法を用いることが有効です。

ここで、光学の面から従来の光リソグラフィと近接場光リソグラフィを比べて見ましょう。図４・３に、従来の光リソグラフィの光学系（図(a)）と近接場光リソグラフィの光学系（図(b)）の比較を示します。従来の光リソグラフィでは、回路パターンが形成された原版であるレチクルの裏側から露光のための光で照明し、表側への透過光および回折光をレンズで集めて基板（ウェハ）上に回路パターンの像を形成します。このとき、レチクル上の回路パターンが微細になればなるほど、回折角度が大きくなるため、これらの光を集めるために大口径のレンズ、すなわち高NA光学系を必要とします。最近では、多くの回折光を集めることをあきらめ、レチクルに対し照明光を斜めに入射し、直接透過光（〇次光）とプラス一次かマイナス一次のいずれかの回折光をレンズで集めて干渉させ、基板上に干渉縞をつくることで解像度を向上させる手法（変形照明といわれる超解像法）が用いられています(4)。

これに対し、近接場光リソグラフィでは、マスクと基板の間に投影レンズを介さず、マスクに

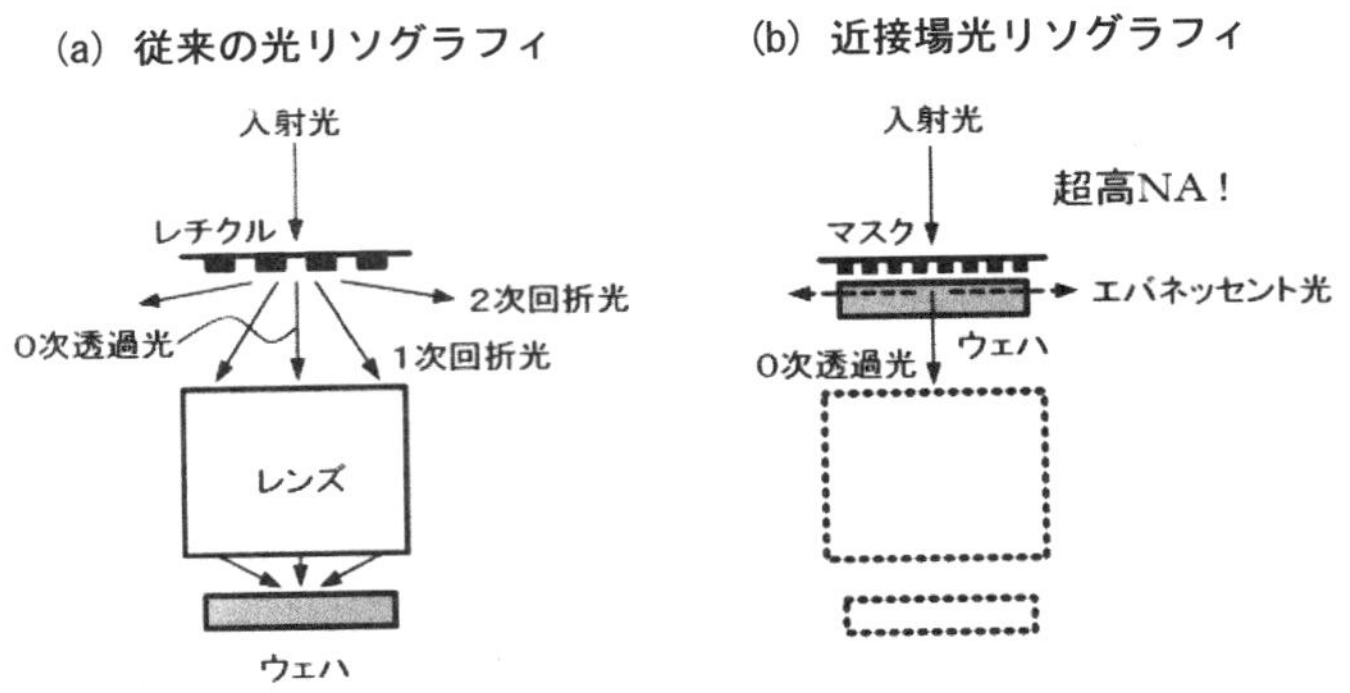

図 4.3 (a) 従来の光リソグラフィと (b) 近接場光リソグラフィの光学系の比較。従来の光リソグラフィでは、回折光を集めるためにレンズを大口径化（高 *NA* 化）。近接場光リソグラフィでは、基板をマスクに密着させることで、高次の回折成分（エバネッセント光成分を含む）まで集光可能。

基盤を直接密着させます。こうすることで、マスク裏側から光を照射した際に、マスク表側に透過する直接透過光とプラスマイナス一次の回折光のみならず、高次の回折光成分までも集めて利用できます。マスクの情報を有しているものの、回折角度が大きくマスク表面から出ることができずに、マスク表面にまとわりつくため、従来の光リソグラフィでは利用できなかったエバネッセント光までも集めて、露光に用いることができるのです。この意味では、近接場光リソグラフィの光学系は超高 *NA* 光学系ともいえ、従来の光リソグラフィ技術の延長線上の究極の姿であるともいえましょう。

近接場光リソグラフィでは、このような光学配置を取ることにより、特殊な光源や投影レンズを必要しないため、本質的に装置コストが低くなります。さらに、マスクと基板とを密着させるため、マスクと基板との位置合わせ六自由度のうち、三自由度に関して制限が緩くなることも装置コスト低減に有利な点です。

近接場光リソグラフィ装置の実際

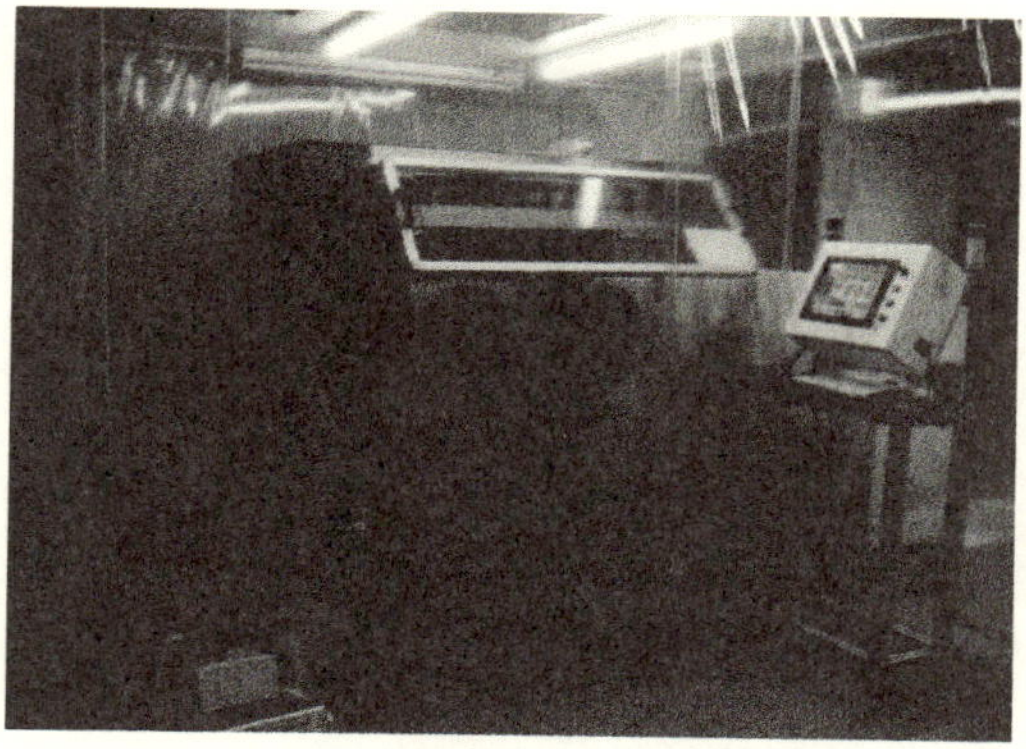

図 4.4　近接場光リソグラフィ装置

図４・４に、実際の近接場光リソグラフィ装置を示します。この装置は、文部科学省によるリーディングプロジェクトにおいて産学連携によって試作されたものです。装置本体は事務机をひと回り大きくした程度のサイズとなっています。図４・５に、装置内部を示します。露光用の光源として、水銀ランプのｉ線と呼ばれる波長三六五ナノメートルの光をライトガイドで装置内に導入し、図４・５(b)に示すように、近接場フォトマスクを背面から照射します。図(c)は、近接場光が届く距離以内まで近接場フォトマスクと基板とが密着している様子を横から見た写真です（もちろん、この写真からではそんな距離まで近づいているかどうかはわかりませんが）。

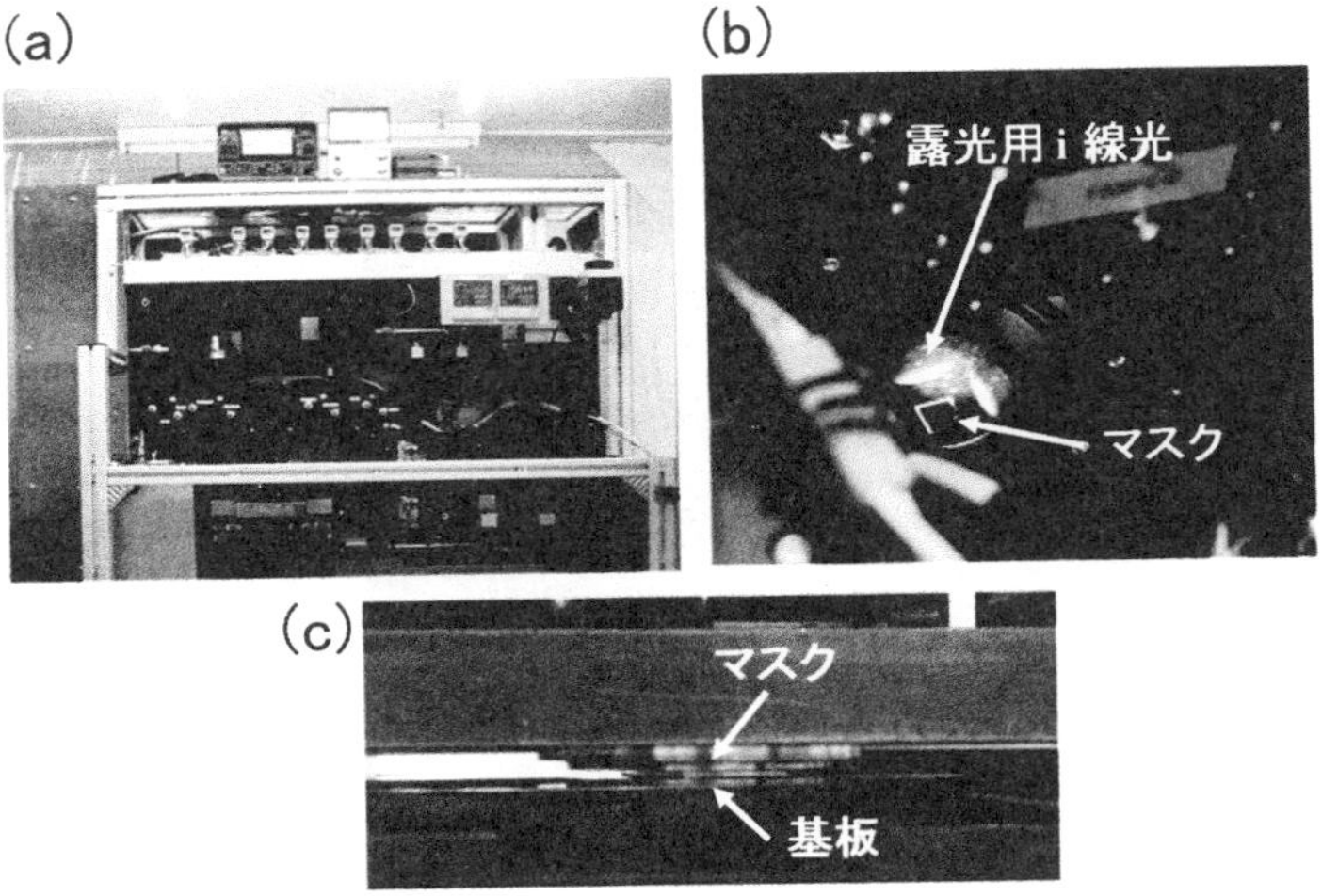

図 4.5 近接場光リソグラフィ装置内部。(a) 前面、(b) マスクへの露光光入射、(c) マスクと基板の密着

この装置の特徴として、マスクに対して相対的な位置関係を観察しながらウェハを順次移動させて露光を行い（ステップ・アンド・リピート方式）、マスクのパターンをウェハ全面に多数個転写することが可能です。また、これも私たちには大変興味深いチャレンジングな研究項目だったのですが、試作装置の設置場所が東京郊外の国道沿いのごく普通のビルの四階にあるということで、床振動や温度変化の影響を受けにくい工夫をこらした装置構造とし、クリーンルームを必要としないよう装置内部に微小な塵を取り除く局所的クリーン環境をつくっています。

図4・6に、この装置に用いる近接場フォトマスクの概観図（図(a)）および断

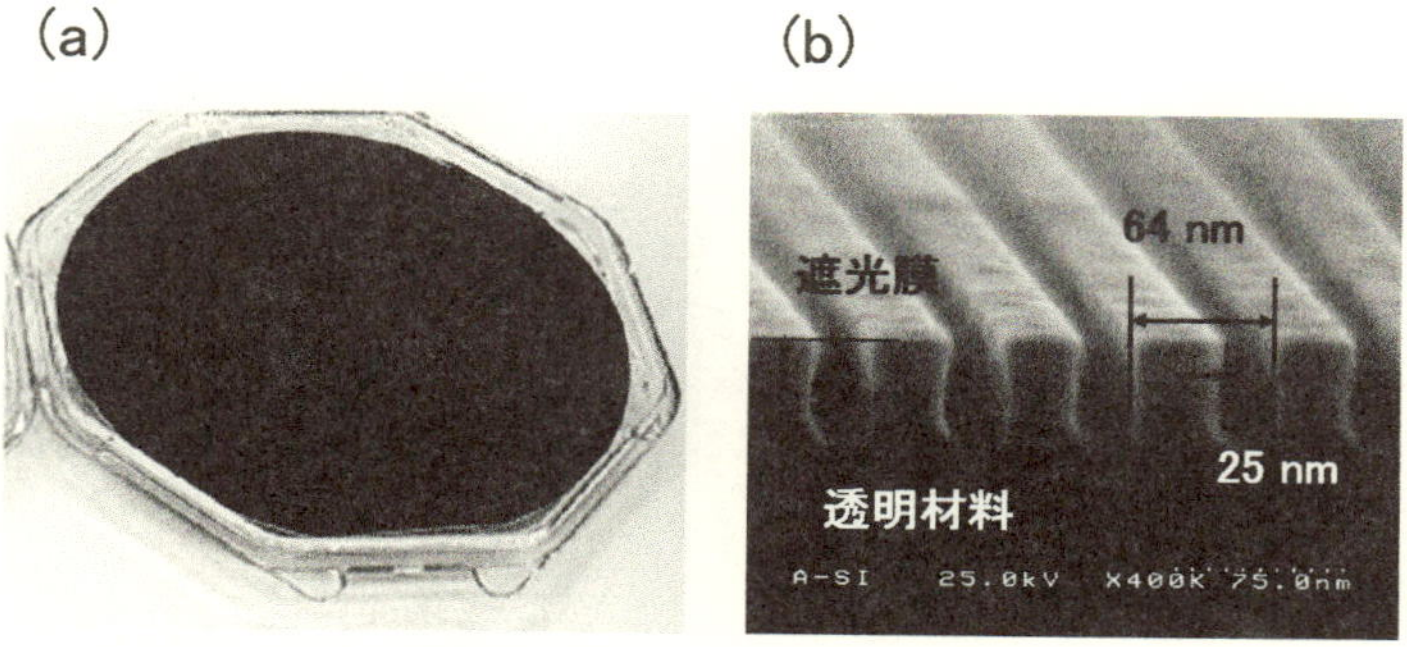

図4.6　近接場フォトマスク。(a) 概観図、(b) 断面図

面図（図(b)）を示します。近接場フォトマスクは基板に対して近接場光が届く距離以内まで十分に近づけることができるよう弾性変形可能な透明薄膜上に形成されています。図(b)に一例を示すように、近接場フォトマスクは厚さ五〇ナノメートル程度の遮光材料薄膜に、転写すべき所望のパターンに従った幅が光波長よりもずっと小さい二〇ナノメートル程度のスリット状の開口を設けたものです。

近接場光リソグラフィによる超微細パターン形成

近接場光リソグラフィを用いて形成したフォトレジストパターンの作製例（多層レジスト法を使用）を図4・7に示します。図(a)は、ピッチの二分の一（ハーフピッチ）が三二ナノメートルのライン／スペースパターンです[5]。露光に用いた光の波長が三六五ナノメートルなので、従来の光リソグラフィでは、不可能である光波長の一〇分の一以下のパターンが形成されていることになり

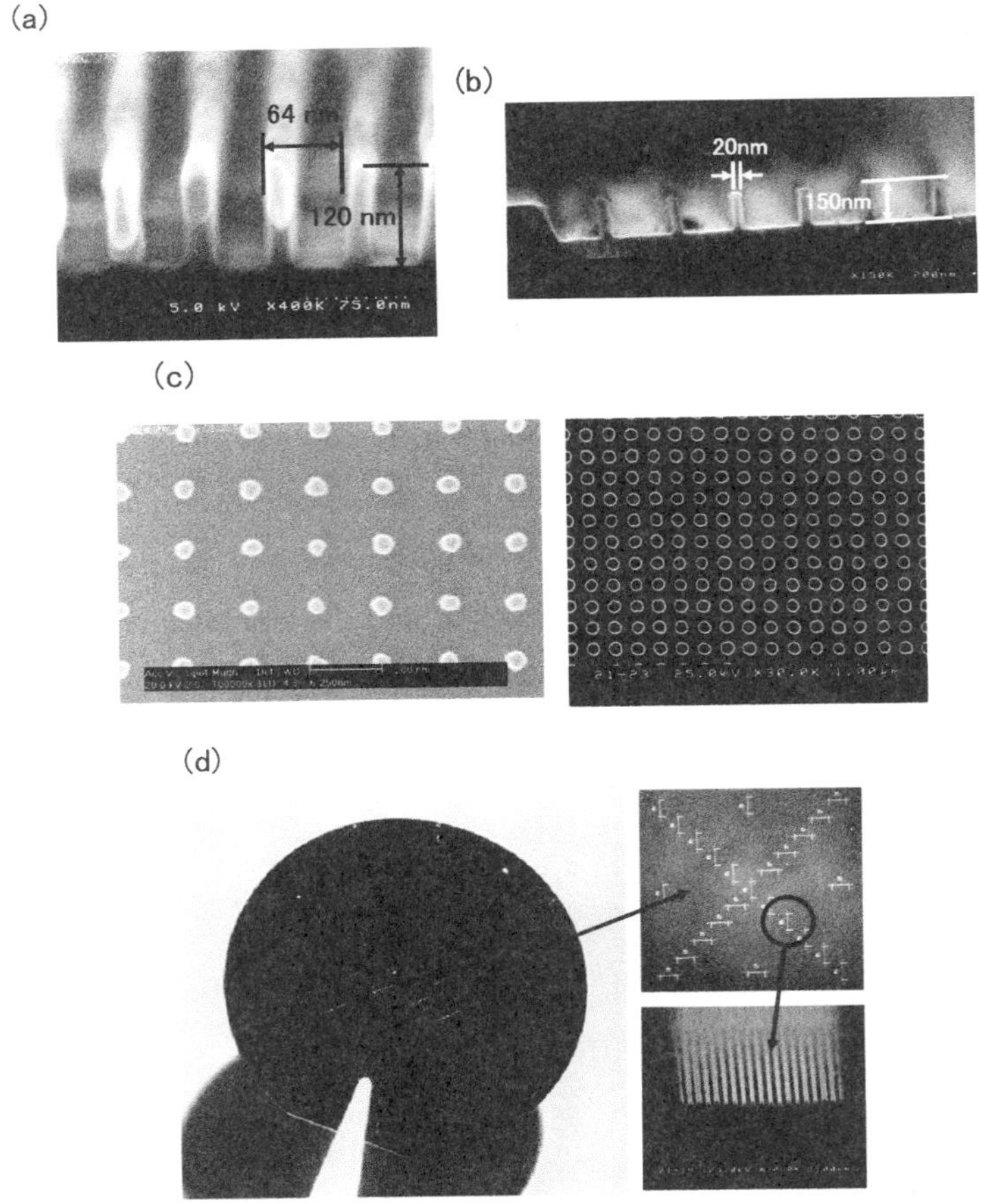

図 4.7　近接場光リソグラフィによるパターンの作製例。(a) ハーフピッチ 32 nm ライン／スペースパターン、(b) 幅 20 nm パターン、(c) 2 次元ドット並びパターンとホール並びパターン、(d) ステップ・アンド・リピートによるウェハ全面へのパターン形成

ます。図(b)は、後述するようにマスク開口からの近接場光の同心円状の広がりを利用して、さらに狭い幅である幅二〇ナノメートルのラインパターンを形成したものです[6]。図(c)は、二次元のドット並びパターンとホール並びパターンの形成例です。図(d)は、前述のステップ・アンド・リピート機能を用いて、ウェハ全面にパターンを形成したものです。

このように近接場光リソグラフィを用いれば、高価な装置を使用せずとも一〇ナノメートルレベルの構造を作製することが可能であることが示されています。近接場光リソグラフィには、原理的な限界はないため、今後、さらなる微細化を目指した研究開発が進められていくことでしょう。

近接場フォトマスクにおける光の振る舞い

さて、少し話を変え、近接場フォトマスクの開口で起こっている不思議な現象について見てみましょう。この近接場フォトマスクに背後から光が照射されたときの開口近くの近接場光の強度分布を計算機シミュレーションによって求めたものを図4・8に示します。図4・8を見ると、上側から光が開口に入射し、波長よりも小さい開口内を滲み出て、近接場光が出射側（下側）に広がっている様子がわかります。開口の出射側において、開口の縁部分の光電界強度が大きく、縁から同心円状に広がるにつれ、光電界強度が急速に低減していく独特の電磁界分布をもっていることがわかります。ここで、興味深いのは、スリット状の開口内を光が通る際に、ただでさえ

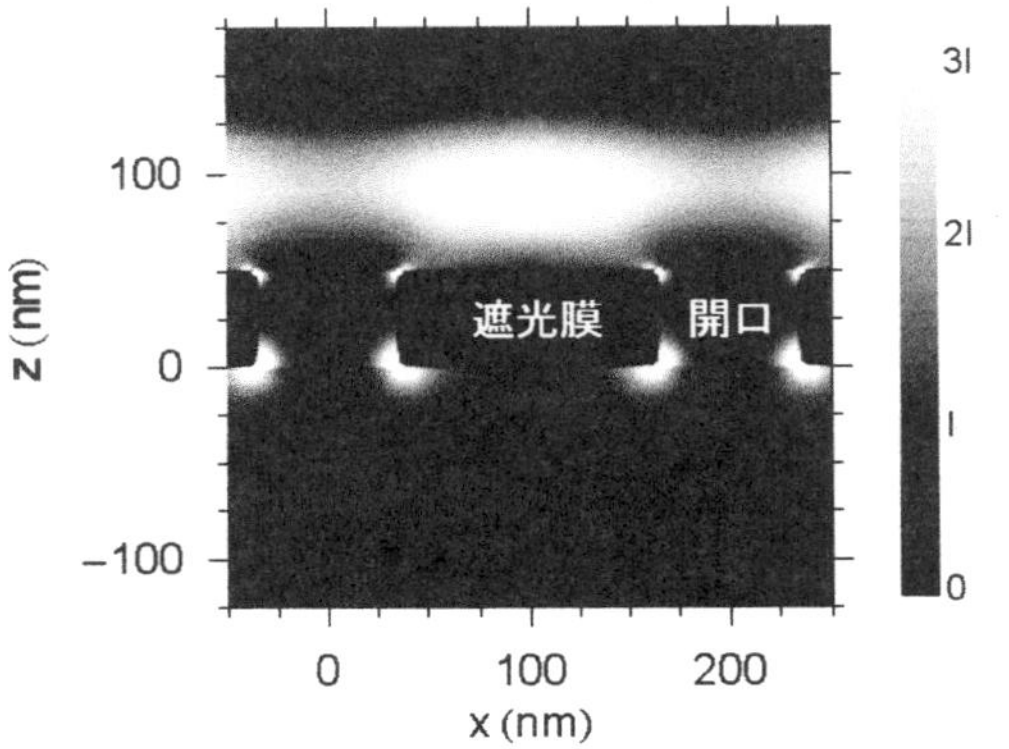

図 4.8 開口近くの近接場光強度分布。入射光は遮光膜中の自由電子と結合し、開口の界面を伝わって通り抜ける。開口出射側の縁部分の光電界強度が大きく、同心円状に広がっている。

狭い開口通路の真中でなく、壁面である遮光膜の界面を忍者のようにつたってくるように見えることです。これは、光がスリット開口内を通る際に、いったん遮光膜中の自由電子と結合した状態（表面プラズモンポラリトン）となり、しかも開口の両側の壁同士で協力（カップリング）し合って通ってくることによると考えられるのですが、ナノフォトニクス世界の不思議を垣間見るようです。

図４・８では、入射光の偏光方向が紙面の左右方向の光について示しています。それでは偏光方向が紙面に垂直方向の入射光はどうなるのでしょうか。入射光波長（三六五ナノメートル）よりも随分小さい一〇〇ナノメートルよりもさらに開口の幅が小さくなってくると、もはやこの方向の偏光成分の光は通りづらくなってきます。これに対して、紙面の左右方向の偏光成分は先に説明したように忍者のように通り抜けてこれます。この結果、水銀ランプの光のように特定の方向に偏光していない光を照射しても、スリット開口を光が通り抜ける際にマスク面

内でスリット方向と直交する方向の偏光成分が自然に選択されることになります。したがって、近接場フォトマスクのパターンがさまざまな方向からなる複数のスリット開口から形成されている場合も、それぞれのスリット開口において、マスク面内でスリット方向に垂直な方向の偏光成分が通り抜けてくるのです。

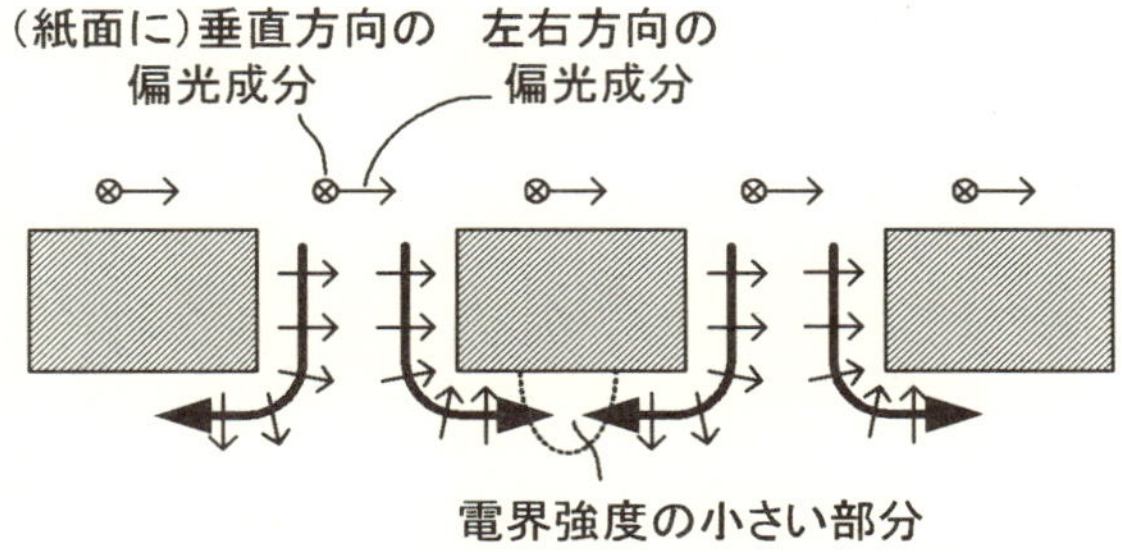

図 4.9 コントラスト向上のメカニズム。紙面に左右方向の偏光成分が幅の狭いスリット開口を通り抜ける。遮光膜の真下では、隣り合う開口を通り抜けてくる近接場光の位相が逆であるため互いに打ち消し合い、コントラストが向上する。

図４・８において、マスクの遮光部分の真下に存在する電磁界強度の小さい部分は、開口間の距離が小さくとも存在します。これは隣り合う開口から回り込む近接場光の位相が逆相であることによると考えられます。先に説明したように開口幅が狭くなってくると、図４・９に示すように、開口を通り抜ける光の偏光方向が紙面の左右方向（スリット方向に直交する方向）の成分が主となります。この光が開口の出射側（下側）においてマスク下面の両側に回り込む際に、隣り合う開口に起因する近接場光同士では、その電界の振動方向が逆であるため、打ち消し合うのです。このことは、隣り合う開口から発生する近接場光同士が左右方向に広がろうとするのを

互いに邪魔するように働きます。このことにより、より小ピッチの微細パターンのスリット開口同士が近接した構造であっても、マスクの開口部分と遮光部分における光強度のコントラストが維持され、結果として近接場光リソグラフィの解像度を向上させる方向に機能しているのです。

従来の光リソグラフィで用いられている超解像技術の一つに位相シフトマスクという技術があります(4)。これは、レチクル上の隣り合う開口を通る光の位相を逆にすることにより、基板上での光強度のコントラストを向上させるものです。もちろん、近接場フォトマスクの開口で起こっている現象とは異なるのですが、なんだか似ていてとても不思議です。

また、近接場フォトマスクの開口から滲み出た近接場光は普通の光（伝搬光）に変換されて、フォトレジスト中を伝搬し、基板表面で反射された後、マスクの表側に再入射します。この結果、マスクと基板の間の空間は一種のミクロな共振器構造になります。共振器の長さにあたるフォトレジスト厚さを調整することにより、開口から滲み出る近接場光と基板からの反射光と間の位相関係を調整することができます。このことを利用して、開口近傍の近接場光分布のコントラストをさらに向上させることが可能です。

第三節　近接場光リソグラフィの未来

近接場光リソグラフィの今後

前節では、近接場光リソグラフィそのものには原理的な解像限界がないと述べましたが、実際にはフォトレジストが解像度向上に大きなカギを握っています。フォトレジストには、露光用の光照射によって起こる光化学反応によってパターンを形成する機能と、形成されたパターンを下地基板に転写する際のエッチングプロセスにおける保護マスク機能の二つの機能が必要です。ところが、マスクパターンが微細になるにつれて、開口からの近接場光の滲み出し距離が小さくなり、フォトレジストに形成される凹凸パターンの高低差が小さくなってしまいます。このため、後に続くエッチングプロセス時に保護マスクとして機能しなくなるのです。今後、原子分子レベルの薄いレジストが実現されれば、さらなる解像度向上が期待されます。

近接場光リソグラフィ実用化のためには、まだまだ解決しなければいけない課題があります。たとえば、近接場フォトマスクの作製もその一つです。近接場光リソグラフィでは微細なパターンが形成可能ですが、その分、マスクに必要とされる性能（精度、信頼性）も高いものが要求されますし、設計や製造も難しくなります。装置としても、スループットの向上や位置合わせ精度の向上が必要です。これらの課題解決にはまだ時間がかかりそうですが、微細加工技術に対する社会の期待に応えるためには、一つひとつ解決していかなくてはなりません。

歴史を振り返ると、光リソグラフィ技術は、マスクを基板に接触させる密着方式から始まりましたが、密着方式に伴う種々の課題のため、投影方式に移っていった経緯があります。一括加工方式の微細加工技術の解像度をさらに向上させるためには、加工の物理原理として、近接相互作用を用いる方向に進むしかないと思われますが、近接場光リソグラフィはこの方式の一つにあたり、新たな密着方式に進化させようとするものです。この密着方式は、昔のような単なる接触ではなく、マスクと基板の接触境界面の状態を原子分子レベルで制御する新たな密着方式としていく必要があります。

ナノデバイスの実用化

ナノメートルレベルの超微細加工が可能で、しかも装置コストの低い近接場光リソグラフィの出現によって、これまで適した加工法がなかった分野にも新たな展開が開けることでしょう。たとえば、種々のナノデバイス加工への応用です。ナノテクノロジーの進展によって、これまで多くのナノデバイスが研究されてきました。たとえば、図4・10に示すような、単電子トランジスタや量子ドットレーザなどのナノ電子・光デバイス、サブ波長光学素子やフォトニック結晶などのナノ光学デバイス、分子フィルタや生体分子センサなどのナノバイオデバイスが挙げられます。

これらのナノデバイスにおいては、ナノメートルレベルでサイズや位置が制御された構造をつ

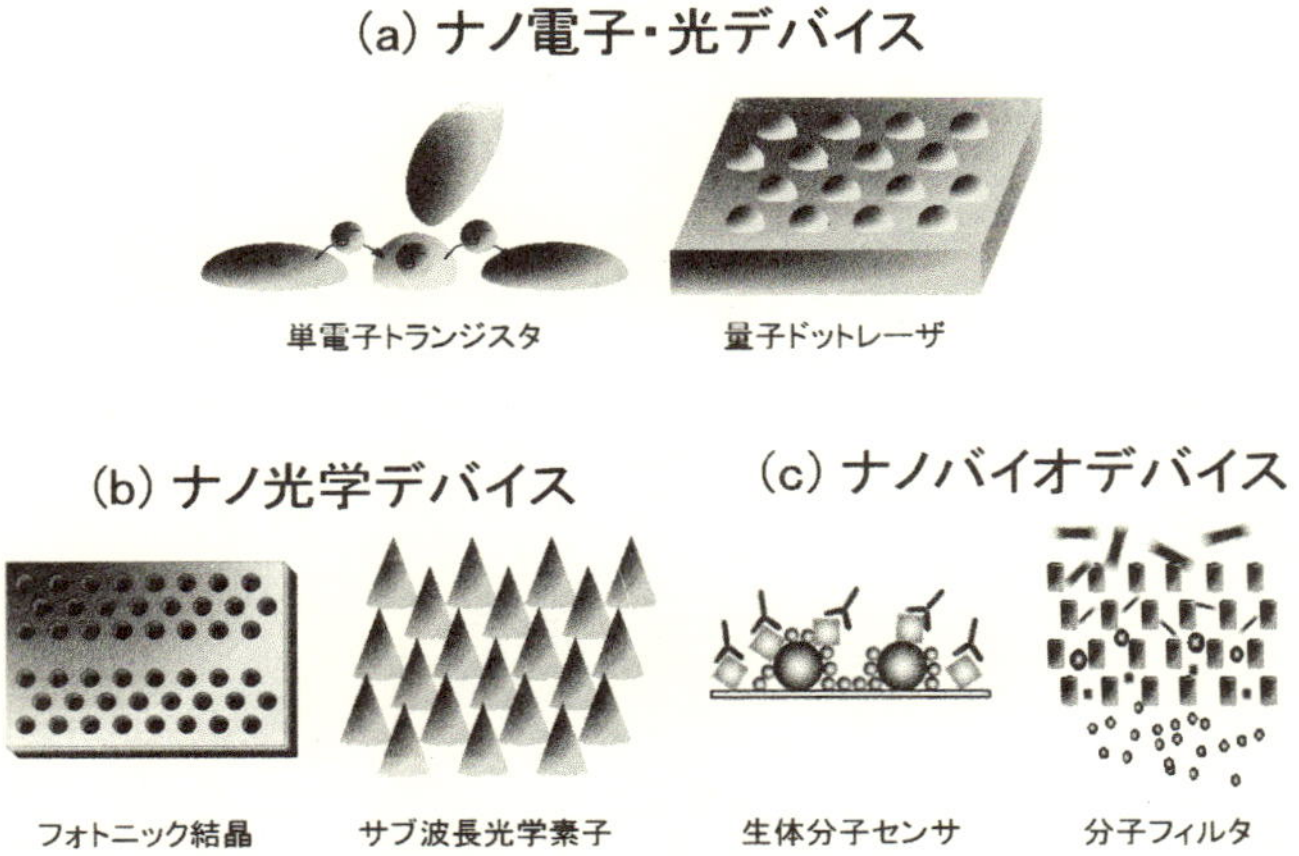

図 4.10　ナノデバイスの例。(a) ナノ電子・光デバイス、(b) ナノ光学デバイス、(c) ナノバイオデバイス

くることが必須です。このための製造技術として、電子線加工や集束イオンビーム加工、あるいは自己組織化技術がありますが、いずれも作製時間や作製精度で一長一短の面をもっています。近接場光リソグラフィのような、ナノメートルレベルの構造を一括に作製することが可能な製造技術の実用化により、これら夢のナノデバイスの実用化が加速されることでしょう。

質的変革へ

さて、これまで説明してきた近接場光リソグラフィ技術では、近接場光の有する局在性に注目してきました。これは第二章で述べられている量的変革にあたります。最近、近接場光リソグラフィにおいても、近接場光の局在性でなく、近接場光でしか起こらない現象を用いたこれまでとはまったく異なる加工法も実現されています。通常の光では、禁制遷移であるため起こらない反応を、近接場光でのみ可能な非共鳴過程を用いて起こすことによりフォトレジストを感光させるというものです(7)。さらに、マスクを用いた転写という概念を離れ、ナノメートルサイズの構造における近接場光電磁界そのものを利用して加工を行っていくこともできます(8)。これらは、第二章で述べられている質的変革にあたるものであり、近接場光のもつ、より大きなポテンシャルの一端を示すものです。これらについては、第六、七章でより詳しく紹介されます。

今後、ナノフォトニクスに関する研究がさらに進むことにより、近接場光のもつ新たな現象も見出されることでしょう。それらも加えて、量的変革から質的変革へと近接場フォトリソグラフィは新たな段階に入っていくことでしょう。

参考文献

(1) 岡崎信次、鈴木章義、上野巧、「はじめての半導体リソグラフィ技術」、工業調査会（二〇〇三）
(2) 大津元一、「ナノ・フォトニクス」、米田出版（一九九九）
(3) 大津元一、村下達、納谷昌之、高橋淳一、日暮栄治、「ナノフォトニクスへの挑戦」、米田出版（二〇〇三）
(4) 河田聡、中村収、渋谷真人、福本敦、堀川嘉明、大井みさほ、大木裕史、「超解像の光学」、学会出版センター（一九九九）

(5) T. Ito, T. Yamada, Y. Inao, T. Yamaguchi, N. Mizutani, and R. Kuroda, Fabrication of half-pitch 32 nm resist patterns using near-field lithography with a-Si mask, Appl. Phys. Lett., **89**, p.33113 (2006)

(6) 山口貴子、稲生耕久、山田朋宏、水谷夏彦、黒田亮、近接場露光による微細パターンの作製、O plus E, **25**, p.1336 (2003)

(7) T. Kawazoe, Y. Yamamoto, and M. Ohtsu, Fabrication of a nanometric Zn dot by nonresonant near-field optical chemical-vapor deposition, Appl. Phys. Lett., **79**, p.1184 (2001)

(8) T. Yatsui, W. Nomura, and M. Ohtsu, Self-Assembly of Size-and Position-Controlled Ultralong Nanodot Chains using Near-Field Optical Desorption, Nano Lett., **5**, p.2548 (2005)

第五章　ナノフォトニクスが切り拓く大容量光ストレージ

西田哲也

第一節　大容量化への壁

光ストレージである光ディスクの一般家庭への登場はいまから二五年ほど前に遡ります。一九八〇年にビデオ映像再生用としてＬＤ（Laser Disc）が製品化され、一九八一年に音楽用としてＣＤ-ＤＡ（Compact Disc Digital Audio）仕様が規格化(1)し、翌年には音楽ＣＤプレーヤーが発売されました。当時大学生であった筆者は、はじめて電気店に登場したこのＣＤプレーヤーを驚きと羨望で眺めていました。それまでの音楽レコードに比べると、直径三〇センチメートルの円盤両面で五〇分程度（ＬＰ盤）であったものが、たったの直径一二センチメートルの円盤片面に七四分も入ってしまう。しかも、レコード針でなくレーザ光を使うので、何回聞いても傷つくことがない。アナログではなくディジタルなので音の歪みが少ない、などなど。これまでに聞いたこともない技術が使われているというのです。ただただ電気店で指をくわえて眺めていた記憶があります。何といっても一五万円以上もしていたのですから。それからは、どんどん価格も下がり（現在では数千円のものもありますね）、ＣＤがレコードに完全に取って代わっていったのは、ご存知のとおりです。

光ディスクのその後は、一九八八年にＭＯ（Magneto Optical disk：光磁気ディスク）が、一九九〇年にＣＤ-Ｒ（CD-Recordable）が、一九九二年にＭＤ（Mini Disc）が、一九九六年にＤ

ＶＤ（Digital Versatile Disc）⑵が、それぞれ規格標準化がなされて製品化されました。そして、それまでのカセットテープレコーダ、ビデオテープレコーダ、フロッピーディスクにも取って代わり、広く普及してきています。さらに、二〇〇二年にはＢＤ（Blu-ray Disc）⑶が規格化され、ハイビジョン映像の録画が片面で二時間以上可能になっています。

さて、このＣＤでは、情報を読み出すピックアップに波長（λ）七八〇ナノメートルの近赤外半導体レーザと開口数（*NA*）〇・四五の対物レンズ⑷が用いられており、厚さ一・二ミリメートルのポリカーボネート基板越しで媒体表面に、コヒーレント光の分解能に相当する0.82λ/*NA*の一・四マイクロメートル径の大きさで、伝搬光であるレーザ光が絞り込まれています。伝搬光は回折効果によりこれ以上小さく絞り込まれることはなく、これが回折限界です。光ディスクでは記録容量を増やすために、このピックアップで絞り込まれるビーム径を小さくし、記録するピットサイズを小さくして対応してきました。すなわち、ＤＶＤでは、波長六五〇ナノメートルの赤色レーザと開口数〇・六の対物レンズ⑵を、ＢＤでは、波長四〇五ナノメートルの青紫色レーザと開口数〇・八五の対物レンズ⑶を開発してきたのです。このとき絞り込まれるビーム径は、それぞれ八九〇ナノメートルと三九〇ナノメートルです。

そこで、さらに記録容量を増やすためには、波長を短くして開口数を大きくしていけばよいのですが、この技術はどこまでも続けられるのでしょうか。そう、答えは否なのです。青紫色よりも短い波長といえば、紫外線になってしまいます。もちろん、安価な紫外線レーザはまだ開発されていませんし、光学部品やディスク基板を安価に製造するためのプラスチック部品は、紫外線を通さずに吸収して分解してしまいます。一方のピックアップ用の対物レンズの開口数にも限界があります。通常のレンズでは開口数は一が理論的に最大ですし、篠田らが検討したようなダイヤモンド製の特殊な構造の固体浸レンズ（Solid Immersion Lens）(5)を用いたとしても、実効的*NA*は二・三四が事実上の限界値なのです。このように、伝搬光を用いている光ディスクには、波長と開口数という回折限界の大きな壁が立ちはだかっています。

一方、磁気ストレージのハードディスクドライブに目を転じてみましょう。これまで、薄膜ヘッド、ＭＲ（磁気抵抗）ヘッド、ＧＭＲ（巨大磁気抵抗）ヘッド、ＡＦＣ（反強磁性結合）媒体といったさまざまな技術革新により、一九五六年の登場以来実に六五〇〇万倍に記録密度を向上させています。最近では、磁化方向をディスクに垂直方向に向けて記録する垂直磁気記録方式も、三〇年にも及ぶ研究成果を実らせ製品化されているのです。記録密度にしてもすでに光ディスクを越え、ＢＤのほぼ一〇倍近くにまで高くなっていて、一ビットの記録単位が二五ナノメートル×一五〇ナノメートル程度とナノメートル領域に近づきつつあります。この記録密度をさらに向上させるために、この記録ビットを小さくし、記録ビットを構成する磁気グレインのサイズもどんどん小さくすればよいのですが、この磁気の技術だけでどこまでも続けられるのでしょうか。そう、答えは否なのです。Charap らが指摘したように、磁気グレインを極端に小さくすると熱的に不安定になって、室温でもじっとしていられなくなり、熱揺らぎのために磁化が自然に反転して磁気データが消滅してしまう現象（超常磁性限界）(6)が起こってくるのです。

磁気ストレージにおける磁化状態の熱安定性は、磁気グレイン一個あたりの磁気異方性エネルギーK_uV（ここで、K_uは磁気異方性定数、Vはグレイン体積）に比例します。そこで、高密度化するために磁気グレインの体積を小さくすると、磁気異方性定数を大きくする必要があります。しかし、この磁気異方性定数を大きくしていくと、磁化の方向を反転させるのに必要な磁場の大きさである保磁力H_cも大きくなるため、磁気グレインの磁化を反転するために必要な磁気ヘッドから出すヘッド磁界も大きくしなくてはなりません。しかし、磁気記録ヘッド材料に用いる軟磁性材料の飽和磁束密度B_sに限界があるため、ヘッド磁界の強度にも限界があり、磁化反転のできる磁気媒体の保磁力にも制限が出てきます。

このように、光ストレージでも、磁気ストレージでも、高密度化の前に立ちはだかる大きな壁があるのです。

第二節　近接場光への期待

それでは、磁気ストレージにおいて、室温での磁化状態の熱安定性を維持したまま、記録するときにだけ磁気異方性エネルギーを下げることができるのでしょうか。その答えは光ディスクの仲間であるＭＯ（光磁気ディスク）にあったのです。強磁性体は、温度を上げると磁化状態が弱まって保磁力が低下し、キュリー点と呼ばれる温度以上では、完全に磁化が消滅して常磁性となります。ＭＯでは、記録時にレーザ光を照射してキュリー点程度まで温度を上昇させることにより、コイル電磁石の弱い磁界で記録（熱磁気記録）しています。同様に、室温での磁気異方性エネルギーを大きくしても、記録のときだけその場所の温度を上げて磁気媒体の保磁力を低減すれば、弱いヘッド磁界でも記録が可能となるのです。ただし、磁気ストレージにおける記録密度で必要な記録ビットサイズの目標値は数十ナノメートル径以下ですので、加熱源としても同程度に小さなサイズが必要となります。このように小さな加熱源として、ＭＯのような回折限界を有する伝搬光をそのまま用いることはできません。ここでも、回折限界の壁が立ちはだかっています。

しかし、心配はいりません。唯一これを解決する技術が近接場光を使ったナノフォトニクスなのです。ナノフォトニクスの応用により回折限界を超える数十ナノメートル径の近接場光スポットを照射して、数十ナノメートル径の微小な加熱領域を得ることができるのではないかと考えられるのです。

磁気ストレージのハードディスクドライブでは、磁気ヘッドを搭載した浮上スライダが、高速で回転する磁気媒体上を浮上しながら、記録・再生を繰り返しています。このとき、浮上するヘッド・スライダと回転する媒体との距離はいまや一〇ナノメートル程度と、とっても狭くなっています。一方、近接場光の届く距離は、二〇ナノメートル程度です。したがって、磁気ヘッドへ近接場光を発生する素子を搭載することにより、目標の数十ナノメートル径の加熱源としての近接場光スポットが磁気媒体上で得られるのではないでしょうか。これが、近接場光という極小の光スポットを用いた近接場光・磁気ハイブリッド記録なのです。

第三節　近接場光による高密度記録への挑戦

近接場光をピックアップ用光源として用いて回折限界を超える光記録が検討されたのは、一九九〇年代に入ってからです。Betzigら⑺は近接場光を利用した高密度記録についての検討を報告しました。ここでは光ファイバをテーパー状とした開口型プローブを用い、先端から滲み出した近接場光によって熱磁気記録を行いました。この開口型プローブでは、先端を波長以下の微小開口とすることにより、この微小開口と同程度の微小な光スポットを得ることができます。さらに、このプローブにより磁気光学再生の可能なことも明らかにしました。その後、保坂ら⑻は光ファイバをテーパー状とした同様な開口型プローブを用い、先端から滲み出した近接場光により、六〇ナノメートル径という微小なマークサイズの相変化記録（CD-RW、DVD-RAMなどで用いている記録方式）が可能であることを示しました。これらの基礎研究により、回折限界を超えて微小化した近接場光による記録が将来の高密度記録方式として有望であることが示されたのです。このように、まず光ファイバをテーパー状とした開口型プローブを用い、媒体上を走査型プローブ顕微鏡のようにゆっくりと走査して、原理的に近接場光を用いての高密度記録が実証されました。

しかし当時では、光ディスクにもハードディスクにも、記録密度の限界ということはまだまだ強くは意識されませんでしたので、原理検証に止まっており、そのままの状態では、ストレージとしての高速記録に適用することができませんでした。すなわち、高速に記録するには、ハードディスクドライブに用いられるような浮上スライダ・ヘッド上に近接場光プローブを形成していかなければならないのです。その後の二〇〇〇年頃には、実際にスライダ上に微小開口を形成した近接場光プローブを搭載して記録や再生を行う基礎研究が、Partoviら(9)、八井ら(10)、一色ら(11)によって報告されました。

第四節　高効率近接場光プローブ

開口型プローブ

このように回折限界を克服することができ、ストレージ用の記録光源として有望な近接場光ですが、実際のストレージ用記録光源として用いるためには克服しなければならない大きな課題がもう一つ残されていました。

それまで、近接場光ヘッドには近接場光を発生するためのプローブとして、先端に数十ナノメートルの微小な穴を開けただけの開口型プローブを用いておりました。そのため、光利用効率が著しく低いという問題点があったのです。たとえば、開口径が三〇ナノメートル以下の微小開口を用いる場合には、光利用効率（開口から出射する光強度と入射光強度の比）は10^{-5}程度となってしまいます。これに対し、ストレージ用の記録光源として十分に機能するためには、光利用効率が10^{-2}以上であることが必要となるのです。開口型プローブの光利用効率を上昇させるために、これまで微小開口を改良する幾つかの提案がなされてきました。たとえば、大津らによる導波路の径を段階的に小さくした二段および三段テーパーのプローブ[12]、Thioらによる周辺にリング状の溝が形成された微小開口[13]、ShiらによるC字の形状をした開口（C-shaped nanoaperture）[14]などです。

しかし、これらの改良を施しても、開口型プローブでは、ストレージ用記録光源として機能するのに十分光利用効率の高い近接場光を得ることはできません。そこで、高効率化の一方式として、微小開口ではない平面状の金属プレートを用いた近接場光プローブが松本ら（筆者らのグループ）[15]〜[17]によって提案されています。これは、三角形の形状をもつ金属プレート中にプラズモン共鳴を発生させることにより、三角形の一つの頂点近傍に強い近接場光が発生する現象を応用したものです。この方式により、光利用効率が10^{-2}を超える高効率な近接場光の発生が可能になり、近接場光をストレージ用の記録光源として利用することへの期待が大いに高まっているのです。

プラズモン共鳴を利用した平面型近接場光プローブ

ここで、この新規な平面型の三角形金属プレートからなるプラズモン共鳴を利用した近接場光プローブについて、もう少し詳しく説明しようと思います。

Grober ら[18]は金属の三角形二つを波長よりも十分に短くして、頂点を向かい合わせに配置した蝶ネクタイ (bow tie) 型の平面型アンテナ構造にマイクロ波を照射すると、アンテナの中心部（二つの頂点の間）に強い電磁場が発生することを示しました。また、この現象がもっと短い波長の可視光線でも適用可能なことに言及しました。

その後、松本ら（筆者らのグループ）は、ＦＤＴＤ (Finite Difference Time Domain) 法を用いた電磁界計算を行い、マイクロ波より短い波長の電磁波（光）に対し、この平面型ボウタイ・アンテナのギャップ（二つの頂点の間隔）を数十ナノメートルとした場合、このギャップ（アンテナの中心部）に電磁場が集中し、かなり強い近接場光が発生[15]することを示しました。また、この考えを推し進め、ボウタイ・アンテナの片割れの平面型三角形金属プレート一つを記録媒体と向かい合わせに配置した場合、媒体との間に電磁場が集中し、強い強度の近接場光が発生[16]することをも示しました。さらに、実際にこの平面型三角形金属プレートを作製し、ここに波長七八〇ナノメートルのレーザ光を入射して四〇ナノメートル径の微小な記録マークの形成が可能なこと[17]を明らかにしました。

そのときのメカニズムを次に説明します。図５・１に、ここで提案した平面型の三角形金属プ

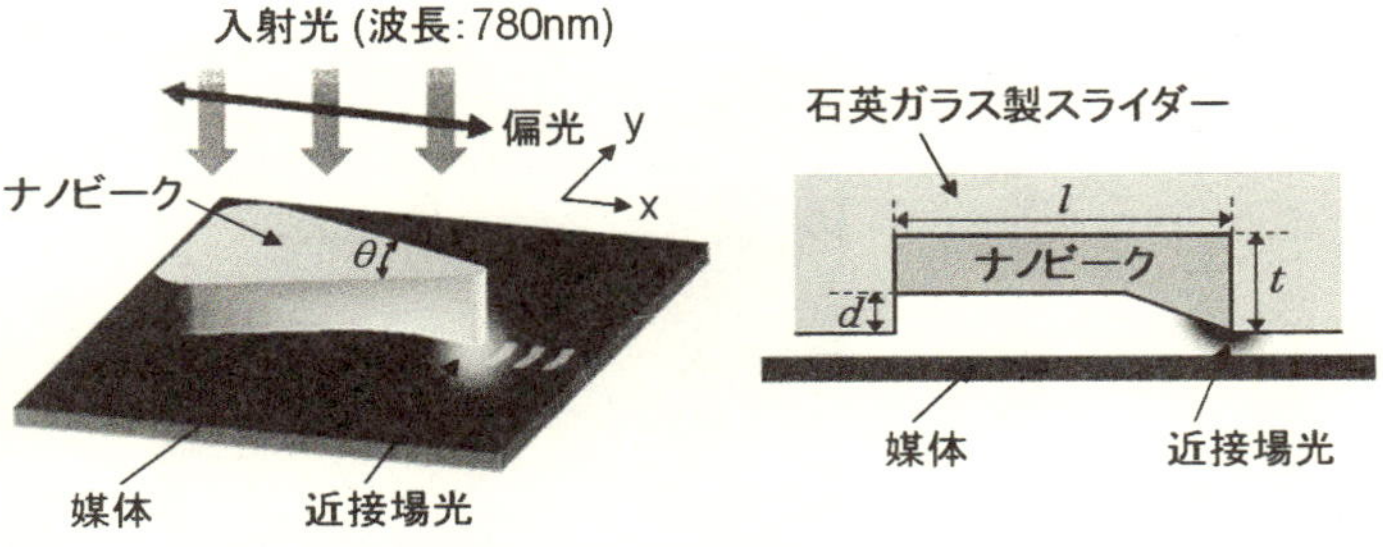

(a) 鳥瞰図　　(b) 断面図

図 5.1　平面型の三角形金属プレートを用いた近接場光プローブ「ナノビーク」

レートを用いた近接場光プローブの構造を示します。このプローブは石英ガラス製の透明な浮上スライダとその表面に形成された鋭く尖った頂点をもつ三角形の形状をした金属プレートより構成されます。図のx方向に偏光した光を入射させると、金属プレート中の電荷が光の偏光方向と同じ方向に振動します。このとき、頂点部に電荷が集中し、頂点近傍に局在した強い近接場光が発生します。特に、電子振動が共鳴状態（プラズモン共鳴）となるように入射光の波長を合わせると、頂点に非常に強い近接場光が発生します。三角形金属プレートの表面には、近接場光が発生する頂点付近を除いてリセスを形成しておきます。このようにすることにより、頂点が三次元的に先鋭化されるので、より小さな部分に近接場光が閉じ込められるのです。この先の尖った三角形金属プレートの形が鳥の曲がったくちばし（beak）に似ていることから、この平面型三角形金属プレートの近接場光プローブを「ナノビーク」と名づけました。

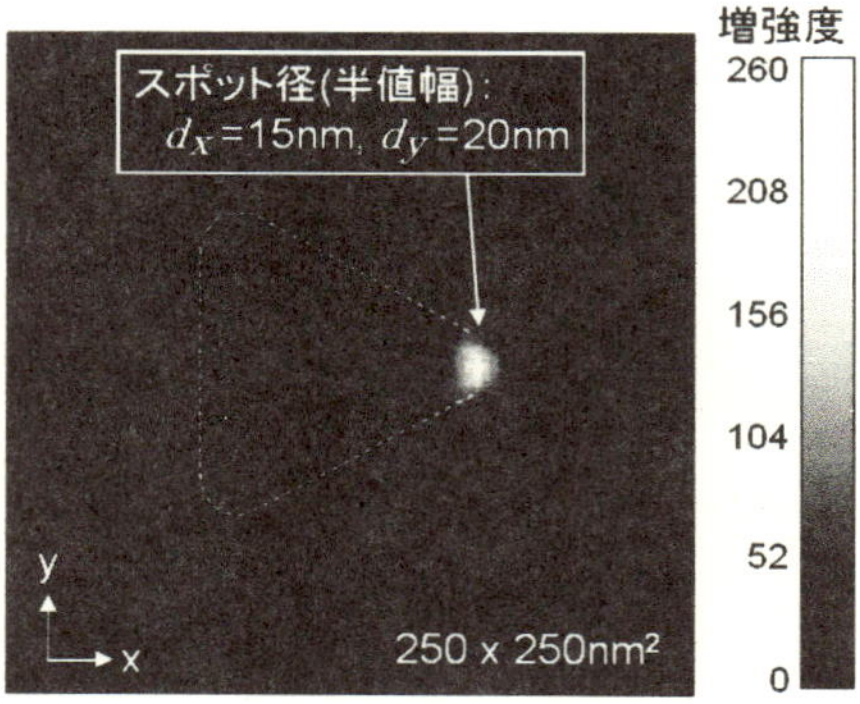

図 5.2 媒体表面における近接場光強度分布の計算結果

図５・２に、ＦＤＴＤ法を用いて計算したときの媒体表面における近接場光強度分布を示します。ここではナノビークが石英ガラス・スライダ表面に埋め込まれているとし、ナノビークの材質は金Auで、頂点の曲率半径r、長さl、厚さt、リセスの深さdは、それぞれ一二、一〇〇、五〇、一五ナノメートル、頂角θは六〇度としました。また、ナノビーク近傍には三ナノメートルの距離で相変化記録媒体がおかれ、相変化記録層は厚さ三〇ナノメートルの$Ge_2Sb_2Te_5$膜、表面保護層は厚さ五ナノメートルのSiO_2膜としました。さらに、入射光は波長七八〇ナノメートルのx方向に偏光した平面波であるとしました。この図において、増強度とは近接場光強度と入射光強度との比を表します。この図に示したように、頂点部に非常に強い近接場光が発生することがわかります。ピーク強度は約二六〇倍と非常に大きく、スポット径（半値幅）はx方向で一五ナノメートル、y方向で二〇ナノメートルと、回折限界をはるかに超えて記録密度1 Tb/in^2（二五ナノメートル平方で一ビットに相当）をも見通せる小さな値を得ることができます。

上記の近接場光強度分布より、光利用効率 η を次式で求めます。

$$\eta = \frac{\int_{S} P_{near}\, dS}{\int_{S'} P_{in}\, dS'}$$

（ここで、P_{near} および P_{in} は近接場光および入射光のパワー密度、S および S' は近接場光および入射光の光強度がピーク強度の半分以上となる領域です）入射光を開口数〇・六五の対物レンズで集光した場合に、実効的な効率は約二〇％と非常に大きな値が推定されます。

図5・3に、作製したナノビーク・平面型近接場光プローブの走査型電子顕微鏡像を示します。近接場光強度分布の計算と同様に、ナノビーク・三角形金属プレートは、石英ガラス・スライダ表面に形成しました。また、スライダを記録媒体に近づけた際、ナノビーク・三角形金属プレートが摩耗することのないように、石英ガラス・スライダ中に埋め込まれるようにして作製しました。

次に、作製したナノビーク・平面型近接場光プローブの性能を評価するために、静的記録装置を用いて記録実験を行いました。記録光源には波長七八〇ナノメートルの半導体レーザを用い、ピエゾステージを用いて相変化媒体を走査させて記録しました。ここでは温度分布ができるだけ忠実に反映した記録マークが形成できるように、記録媒体には結晶化時の核形成速度の速い相変化記録膜を用いて非晶質状態からの結晶化記録を行いました。記録実験に用いた相変化媒体の構

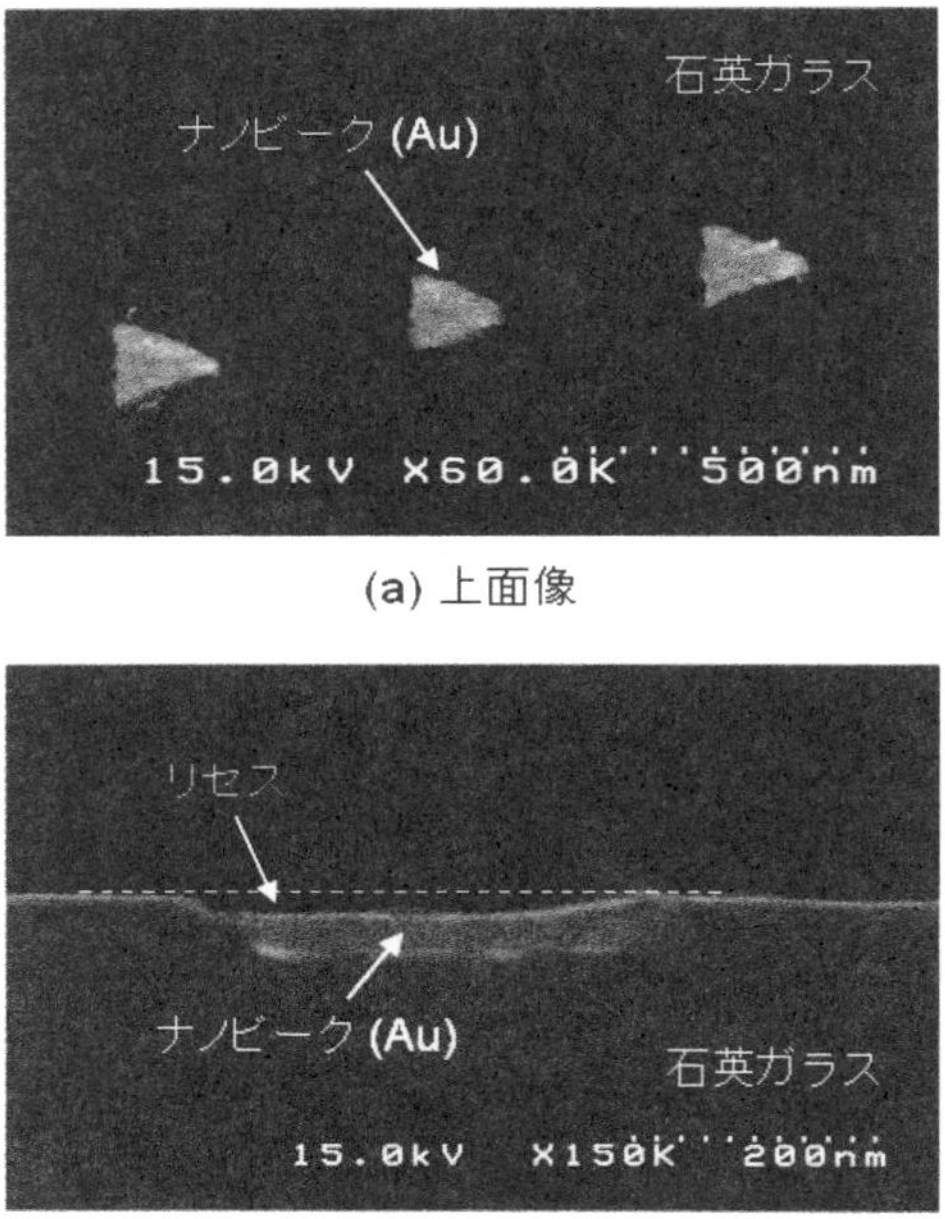

(a) 上面像

(b) 断面像

図 5.3　作製したナノビーク・平面型近接場光プローブの走査型電子顕微鏡像

成は、厚さ三〇ナノメートルの $Ge_2Sb_2Te_5$ 相変化記録層と厚さ五ナノメートルの SiO_2 表面保護膜の二層です。記録した結晶マークは、アルカリエッチング溶液中での非晶質部と結晶部でのウェットエッチング速度の違いを利用してマーク部に凹凸形状を形成して[19]、走査型電子顕微鏡により観察しました。

図５・４に、近接場光で記録した相変化媒体の走査型電子顕微鏡像を示します。図中で暗くなった部分が記録マーク（結晶化した部分）に相当します。この静止記録実験では、入力パワーを一三ミリワット、パルス幅を六〇ナノ秒としました。この図に示したように、四〇ナノメートル径の記録マークの形成が確認できました。これは入射波長のおよそ二〇分の一に相当する小さな

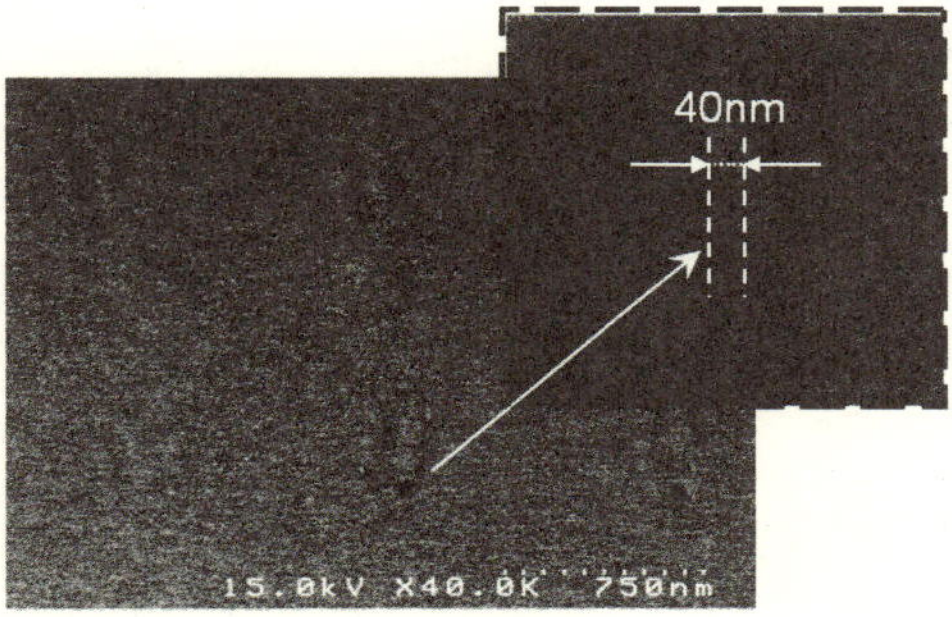

図 5.4　近接場光で記録した相変化結晶マークの走査型電子顕微鏡像

値です。ここで、記録実験に用いた相変化媒体では結晶化する温度がほぼ四〇〇度Cの場合に結晶化に要する時間が六〇ナノ秒[20]となっています。そこで、この四〇ナノメートル径の結晶化領域は近接場光照射時間が六〇ナノ秒のときに四〇〇度C以上になって結晶化したと考えられます。今回の実験では記録層の下にはヒートシンク層は設けませんでしたが、熱シミュレーションによれば、熱拡散により媒体上の温度分布の幅はもとの熱源の幅よりも広がる傾向にあります。そこで今後は、媒体構造の最適化によって、さらに小さな径の記録マークも形成可能であると考えられます。

第五節　大容量光ストレージへの道

近接場光・磁気ハイブリッド記録

それでは、このようにして獲得した近接場光による微小な光スポットを微小な加熱源として用いた近接場光・磁気ハイブリッド記録では、どうようにして高い密度の記録を実現することができるのでしょうか。赤城ら（筆者らのグループ）により、数十ナノメートル径の近接場光スポットを熱アシスト源として用いた場合の垂直磁気記録（近接場光・磁気ハイブリッド記録）についてのシミュレーション結果[21]、[22]が報告されています。次に、これをもとに少し詳しく説明しようと思います。

近接場光・磁気ハイブリッド記録では、近接場光を媒体に照射して照射部の温度を上昇させることによって、①媒体磁性粒子磁化反転のスイッチング磁界を低減させ、記録に必要なヘッドの記録磁界を低減する効果と、②ヘッド磁界の最大磁界勾配で記録することにより記録磁化遷移をより急峻にして高い記録密度でも高い再生信号出力が得られる効果の、二つの効果が期待されます。

(1)　スイッチング磁界低減の効果

媒体磁性粒子のスイッチング磁界の温度依存性を dH_{c0}/dT とすると、必要ヘッド磁界 H_w は、

$$H_w = H_{w0} + \frac{dH_{c0}}{dT}\Delta T_{max}$$

となります。（ここで、H_{w0} は熱アシストがない場合の必要ヘッド磁界、ΔT_{max} は加熱領域中心における最大媒体上昇温度です）この式より、装置で用いるヘッド磁界に適した最大温度を見積

もることができます。

(2)　記録磁化遷移を急峻にする効果

記録磁化遷移を急峻にするためには、近接場光照射による加熱領域とヘッド磁界領域との大小関係を考え、有効に利用する必要があります。両領域がほぼ同程度の場合に、温度分布とヘッド磁界分布の勾配が共に記録磁化遷移を急峻にするように働きます。ヘッド磁界勾配を dH_{head}/dx とすると、温度勾配とヘッド磁界勾配から得られる実効的な勾配（実効ヘッド磁界勾配）dH_{eff}/dx は、

$$\frac{dH_{eff}}{dx} = \frac{dH_{head}}{dx} + \frac{-dH_{c0}}{dT}\frac{dT}{dx}$$

で表されます。

(1)と(2)で示した効果を図５・５にまとめて示します。媒体温度の上昇に対応してスイッチング磁界が減少し、減少したスイッチング磁界とヘッド磁界に囲まれた領域が磁化の反転領域となります。また、スイッチング磁界とヘッド磁界の交点のうち、トレーリング側（媒体走行方向側）が書き込み点となり、おおよその磁化遷移位置はこの書き込み点と一致します。この書き込み点におけるヘッド磁界勾配と反転磁界勾配の和が、実効ヘッド磁界勾配なので、磁界単独あるいは熱単独で記録する場合に比べて、実効ヘッド磁界は大きくなることが期待されます。

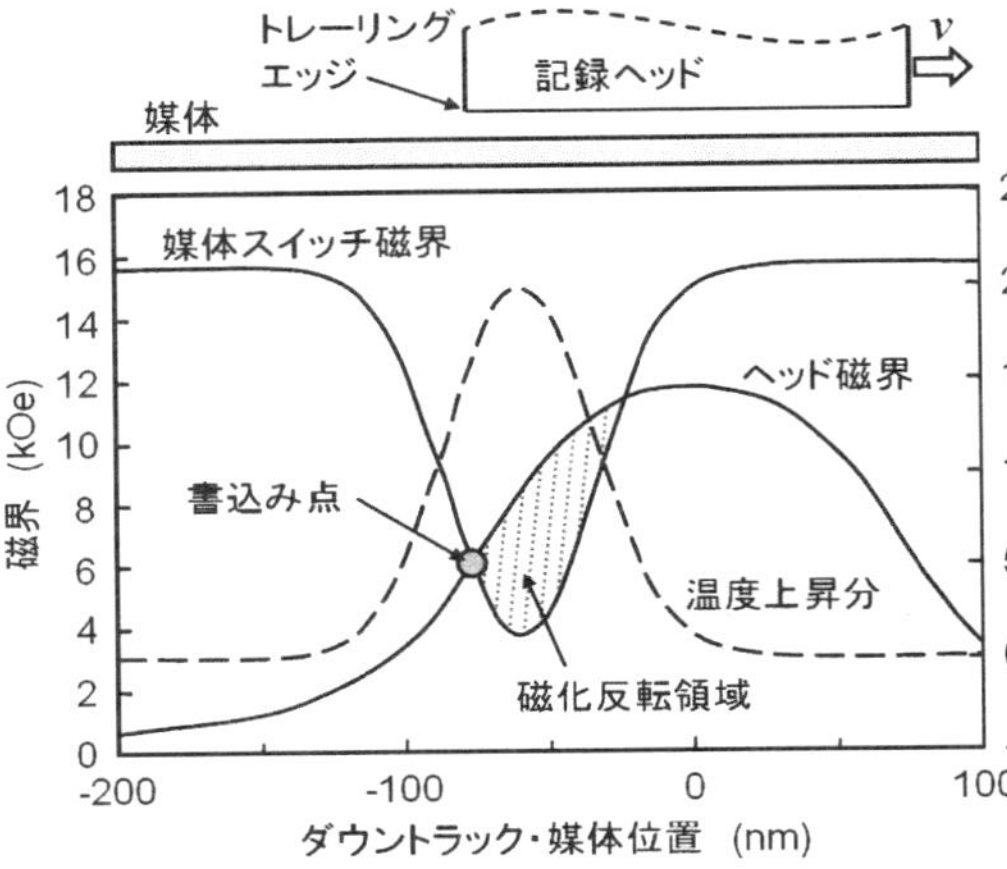

図 5.5 近接場光・磁気ハイブリッド記録の効果

そして、高い記録密度でも高い再生信号出力を得るために、実効ヘッド磁界勾配が最大となるようにするには、近接場光を媒体上に適当に照射してもだめで、用いる媒体の磁気特性に応じて、近接場光の照射位置と照射タイミングを最適化する必要があるのです。

この近接場光の照射位置と照射タイミングの最適化について、磁化の運動方程式である **Landau-Lifshitz-Gilbert** 方程式に熱ネルギーによる磁界を加えた式である **Langevin** 方程式を用いたマイクロマグネティクス手法[23]により検討しました。その結果、近接場光照射タイミングは、ヘッド磁界強度と温度がともに最大になるように設定することが重要であり、一つの磁化遷移を記録するのに要する時間の半分の時間が経過してから、次の反転が始まるまでの時間の間で、光照射を止めるように、光照射開始タイミングを設定するのが最適であることがわかりました。さらに、媒体走行方向における近接場光照射位置は、磁気ヘッドのトレーリングエッ

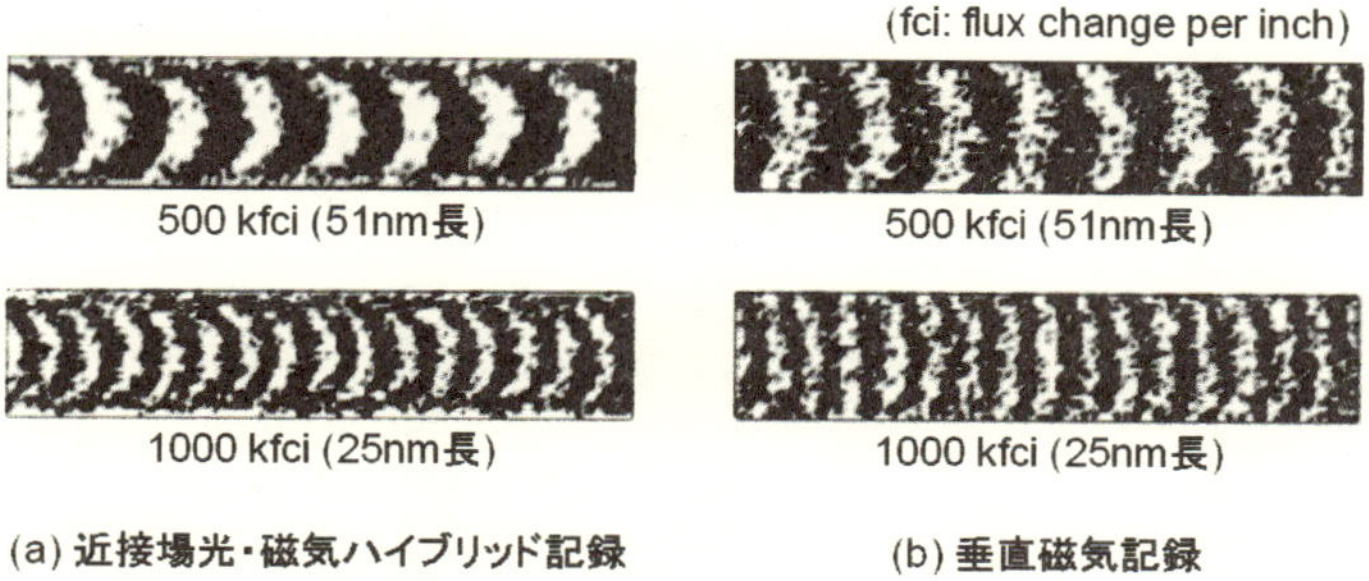

図5.6　高密度記録磁化パターン記録シミュレーション結果

ジ近傍でのヘッド磁界勾配と温度勾配がともに急峻になる位置が最適であることがわかりました。たとえば、現在ハードディスクに用いられている磁気媒体を元に室温での熱揺らぎの影響が小さく記録磁化が安定な条件を想定（具体的には、媒体の平均粒径六・五ナノメートル、膜厚二〇ナノメートル、室温における飽和磁化M_s〇・五テスラ、磁気異方性定数K_u $4.0\times10^5 J/m^3$、熱安定性の指標 $K_uV/k_BT>70$で、Vはグレイン体積、k_Bはボルツマン定数、Tは温度です）した場合には、磁気ヘッドのトレーリングエッジから二〇ナノメートルヘッド内側となります。

このような最適な照射開始タイミングと照射位置での近接場光照射による近接場光・磁気ハイブリッド記録により得られた高密度磁気記録パターンの様子について、近接場光照射を行わない通常の垂直磁気記録と比較して、図5・6に示します。通常の記録では磁化遷移幅が二七ナノメートルであったのに対し、ハイブリッド記録では一五ナノメートルと非常に狭い遷移幅が得られること、さらには、ハイブリッド記録では、通常の記録に比べてビット内の逆磁区が少なく信号対雑音比（ＳＮＲ）に優れていることがわかりました。

ナノパターンドメディア

1 Tb/in^{2}以上という超高密度を目指す大容量光ストレージ技術を完成させるためには、これまで述べてきた記録ヘッド技術としての近接場光技術のほかに、磁気媒体の高記録密度での熱安定性と低ノイズとをさらに推し進めるために、ナノパターンドメディアという先進的なブレークスルー技術の開発も同時に必要となります。内藤らは、ポリメチルメタクリレート（ＰＭＭＡ）とポリスチレン（ＰＳ）との共重合体であるジブロックコポリマー自己組織化ナノ粒子を電子線描画マスタリングによって形成した細い溝に精度よく並べて作製した金型を用いて、磁性膜をナノインプリントにより精密加工してこのナノパターンドメディアを作製するＡＡＳＡ（Artificially Assisted Self-Assemble）法(24)という優れた手法を開発しています。

大容量光ストレージ技術

今後ますます飛躍的に増大すると思われる情報量に対応するデータを格納するために、データ情報ストレージ装置を超高密度化するための新たな技術開発が急務となっています。そのために、本章でここまで解説した「近接場光・磁気ハイブリッド記録」という近接場光を用いた光と磁気の融合記録技術や、「ナノパターンドメディア」というナノ構造作製手法を用いた磁気媒体技術などに寄せる期待はとても大きいものがあるのです。そこで、このようなナノフォトニクスやその関連技術を開発し、1 Tb/in^{2}という夢の超高密度化の実現を目指して、経済産業省の研究プロジェクト「大容量光ストレージ技術の開発事業」（二〇〇二〜二〇〇六年度）[25]が推進されてきました。ここでは、大津元一東京大学教授をリーダーとして、有力な日本の企業八社と一大学が産学連携により集結し、ナノフォトニクスという日本発信のコア技術をさらに深める研究がなされております。

参考文献

(1) "Audio recording - Compact disc digital audio system", IEC 908, 1st (1987), 2nd (1999)

(2) "120 mm DVD - Read-Only Disk", ISO/IEC 16448, 1st (1999), 2nd (2002) / Standard ECMA-267, 3rd edition (2001)

(3) 「青紫色レーザーを用いた大容量光ディスクビデオレコーダー規格「Blu-ray Disc」を策定」、ニュースリリース (2002), http://www.hitachi.co.jp/New/cnews/2002/0219b/index.html

(4) "Data Interchange on Read-only 120 mm Optical Data Disks (CD-ROM)", ISO/IEC 10149, 1st (1989), 2nd (1995) / Standard ECMA-130, 2nd edition (1996)

(5) M. Shinoda, K. Saito, T. Kondo, A. Nakaoki, M. Furuki, M. Takeda, M. Yamamoto, T. J. Schaich, B. M. van

Oerle, H. P. Godfried, P. A. C. Kriele, E. P. Houwman, W. H. M. Nelissen, G. J. Pels, and P. G. M. Spaaij, "High-Density Near-Field Readout Using Diamond Solid Immersion Lens", Jpn. J. Appl. Phys., **45**, 1311-1313 (2006)

(6) S. H. Charap, R.-L Lu, and Y. He: "Thermal Stability of Recorded Information at High Densities", IEEE Trans. Magn., **33**, 978-983 (1997)

(7) E. Betzig, J. K. Trautman, R. Wolfe, E. M. Gyorgy, P. L. Finn, M. H. Kryder, and C.-H. Chang, "Near-field magneto-optics and high density data storage", Appl. Phys. Lett., **61**, 142-144 (1992)

(8) S. Hosaka, T. Shintani, M. Miyamoto, A. Kikukawa, A. Hirotsune, M. Terao, M. Yoshida, K. Fujita, and S. Kämmer, "Phase change recording using a scanning near-field optical microscope", J. Appl. Phys., **79**, 8082-8086 (1996)

(9) A. Partovi, D. Peale, M. Wuttig, C. A. Murray, G. Zydzik, L. Hopkins, K. Baldwin, W. S. Hobson, J. Wynn, J. Lopata, L. Dhar, R. Chichester, and J. H-J Yeh, "High-power laser light source for near-field optics and its application to high-density optical data storage", Appl. Phys. Lett., **75**, 1515-1517 (1999)

(10) T. Yatsui, M. Kourogi, K. Tsutsui, M. Ohtsu, and J. Takahashi, "High-density–speed optical near-field recording–reading with a pyramidal silicon probe on a contact slider", Opt. Lett., **25**, 1279-1281 (2000)

(11) F. Isshiki, K. Ito, K. Etoh, and S. Hosaka, "1.5-Mbit/s direct readout of line-and-space patterns using a scanning near-field optical microscopy probe slider with air-bearing control", Appl. Phys. Lett., **76**, 804-806 (2000)

(12) M. Ohtsu (ed.), "Near-field Nano/Atom Optics and Technology", Springer, Tokyo (1998)

(13) T. Thio, K. M. Pellerin, R. A. Linke, H. J. Lezec, and T. W. Ebbesen, "Enhanced light transmission through a single subwavelength aperture", Opt. Lett., **26**, 1972 -1974 (2001)

(14) X. Shi, L. Hesselink, and R. L. Thornton, "Ultrahigh light transmission through a C-shaped nanoaperture", Opt. Lett., **28**, 1320-1322 (2003)

(15) T. Matsumoto, T. Shimano, and S. Hosaka, Technical Digest of 6th Int. Conf. Near Field Optics and Related Techniques, the Netherlands, 55 (2000)

(16) T. Matsumoto, T. Shimano, H. Saga, and H. Sukeda, "Highly efficient probe with a wedge-shaped metallic plate for high density near-field optical recording", J. Appl. Phys., **95**, 3901-3906 (2004)

(17) T. Matsumoto, Y. Anzai, T. Shintani, K. Nakamura, and T. Nishida, "Writing 40 nm marks by using a beaked metallic plate near-field optical probe", Opt. Lett., **31**, 259-261 (2006)

(18) R. D. Grober, R. J. Schoelkopf, and D. E. Prober, "Optical antenna: Towards a unity efficiency near-field optical probe", Appl. Phys. Lett., **70**, 1354-1356 (1997)

(19) T. Shintani, Y. Anzai, H. Minemura, H. Miyamoto, and J. Ushiyama, "Nanosize fabrication using etching of phase-change recording films", Appl. Phys. Lett., **85**, 639-641 (2004)

(20) M. Terao, Y. Miyauchi, K. Andoo, H. Yasuoka, and R. Tamura, "Progress of phase-change single-beam overwrite technology", Proc. SPIE **1078**, 2-10 (1989)

(21) F. Akagi, M. Igarashi, A. Nakamura, M. Mochizuki, H. Saga, T. Matsumoto, and K. Ishikawa, "Optimum Timing and Position of Light Irradiation for Thermally Assisted Perpendicular Recording", Jpn. J. Appl. Phys., **43**, 7483-7488 (2004)

(22) F. Akagi, K. Nakamura, T. Matsumoto, H. Saga, M. Mochizuki, A. Nakamura, and M. Igarashi, "Computer simulation of thermally assisted magnetic recording method", 第二十九回日本応用磁気学会学術講演概要集 pp.3-4 (2005)

(23) F. Akagi, M. Igarashi, K. Yoshida, Y.Nakatani, and N. Hayashi, "Thermal Stability in Longitudinal Thin Film Media", IEEE Trans. Magn., **37**, 1534-1536 (2001)

(24) K. Naito, H. Hieda, M. Sakurai, Y. Kamata, and K. Asakawa, "2.5-Inch Disk Patterned Media Prepared by an Artificially Assisted Self-Assembling Method", IEEE Trans. Magn., **38**, 1949-1951 (2002)

(25) 経済産業省の資金をもとに、（独）新エネルギー・産業技術総合開発機構が委託し、（財）光産業技術振興協会が受託した「大容量光ストレージ技術の開発事業」プロジェクト: http://www.nedo.go.jp/activities/portal/p02037.html

第六章　ナノフォトニクスによる光デバイス

川添　忠

第一節　光デバイスへの要求と問題に対応するには

一言で光デバイスといっても、蛍光灯のような大きな照明装置からデジタルカメラのＣＣＤ素子など、その用途に応じさまざまなものが存在します。この章では、光通信などに必要な光に情報を書き込むため、あるいは読み出すための光デバイスについてナノフォトニクスの議論を進めていきます。

さて、この光を用いた通信網は各家庭への動画など大容量情報の配信を可能にし、今後もさらなる発展が期待されています。この情報通信は双方向で行われ多数の受信者と多数の送信者を連絡する交換器が必須であり、一〇年後には10000×10000チャンネルの入出力端を有する高集積光情報交換器が必要であるといわれています(1)。この要求は既存の光デバイスにとってかなり酷なものです。既存の光交換器に使われている光ゲートデバイスのサイズは一ミリメートルほどもあり、消費電力はミリワット程度必要なのです。この光デバイスが10000×10000個以上も搭載された光情報交換器が想像できるでしょうか。テニスコート半面ほどの面積をもち、一〇〇キロワット以上の電力を消費する装置となります。こんな途方もない光交換器が実用化されるとは思われません。トランジスタでＣＰＵ（中央情報演算装置）をつくるようなものです。

一方、ＰＣ（パーソナルコンピュータ）の高性能化という方面からも光デバイスの小型化・省電力化の要求が高まっています。現在、ＰＣ内部のＣＰＵとメモリやビデオチップなどのデータの入出力は電気信号によって行われています。しかしながら、電気配線による信号伝送には配線のもつインピーダンスによる周波数・伝送距離の限界があり、一〇年後には光を使ったチップ間のデータの入出力に置き換わるという予測がなされています(2)。ここでも光情報の入出力制御デバイスが必要になります。一つの光デバイスサイズは電子デバイスとの整合を考慮すると一〇〇ナノメートル以下になるべきでしょう。

以上のように、光デバイスの小型化と省電力は急務であると思われますが、既存の光デバイス技術で、どこまで対応可能なのでしょうか？　既存の波動光学の延長線にあるフォトニック結晶やプラズモンを使った光デバイスではどうでしょうか。フォトニック結晶は光の波長程度の周期をもつ構造体です。よって、フォトニック結晶を使った光デバイスは数波長分程度のサイズが必要だと考えられます。プラズモンは金属中の電子の集団運動のことで、これを光の振動と結合した状態（プラズモンポラリトン）を利用するのがプラズモンデバイスです。プラズモンデバイスでは光の損失を小さくするために、光の波長とプラズモンの波長を整合させる必要があり、波長程度のサイズとなります。もちろん、プラズモン自身は小さな電子の集団運動であり、光の波長より遥かに小さい波長をもつことが可能ですので、光との整合を無視すればプラズモンデバイスは小さくなります。しかしながら損失が急速に大きくなるのです。この損失は微小発熱体としての利用が可能ですが、光素子には向いているといえません。そもそも電流による金属配線の損失をなくすための光配線・光素子にまた金属を使うのでは同じ問題に直面するのは明らかだと思われます。プラズモンデバイスでの光信号伝送路は電流の高周波伝送路とほぼ同じ構造をしており、一見して見分けのつかない場合さえあるのです。

この章でお話しするナノサイズの光デバイス（ナノフォトニックデバイス）は近接場光を利用して動作します。実はプラズモンポラリトンも近接場光の発生源となることができますが、光デバイスに適していない理由があります。プラズモンは電子の集団運動であり、金属中の非常に多数の電子同士の衝突が頻繁に起こるため、極めて不安定な存在であることが問題なのです。一方、量子ドットと呼ばれる数ナノメートル～数十ナノメートルのサイズをもつ半導体微粒子中の、励起子（電子と正孔の対がつくる状態：第二章参照）は極めて安定した状態です。これは光によって発生した電子と正孔の対の振動を邪魔する要因が量子ドット中にほとんどないため、安定した振動が続くと考えることで説明できます。よって、このような量子ドット中の励起子と光の結合した状態（励起子ポラリトン）がつくる近接場光を使えば損失が少なく、その広がりも量子ドットのサイズ程度であるため、小さく、効率のよい光デバイスが実現できそうだという結論に達するわけです。

第二節　近接場光を介した量子ドット間のエネルギー移動

光デバイスの信号伝達に近接場光を利用するためには、近接場光に情報すなわちエネルギーを運んでもらわなければなりません。伝搬光デバイスでは光の直進性を利用してエネルギーを特定の方向に運びます。一方、ナノフォトニックデバイスでは量子ドット中の励起子によって損失の少ないナノサイズの近接場光は発生できましたが、この近接場光は本来エネルギーを運ばない仮想励起子ポラリトンです。そこで、エネルギーのほんの一部を散逸させることでこの問題を解決します。この節では、近接場光にエネルギーを運ばせる方法について説明を行います。

量子ドット中の励起子状態はその状態に対応した固有のエネルギーをもっています。図6・1(a)に、一辺の長さ四・六ナノメートルと六・三ナノメートルのCuCl（塩化第一銅）でつくられた二つの立方体形状の量子ドット中の励起子の固有エネルギーとその振動の様子を示します。ここで、量子ドット中に閉じ込められた励起子の振動の様子は（1,1,1）や（2,1,1）といった主量子数と呼ばれる三つの正数の組み（n_x, n_y, n_z）で表され、励起子の固有エネルギーE_{ex}は

$$E_{ex} = E_B + \frac{\hbar^2\pi^2}{2M_{ex}(L-a_B)^2}(n_x^2+n_y^2+n_z^2)$$

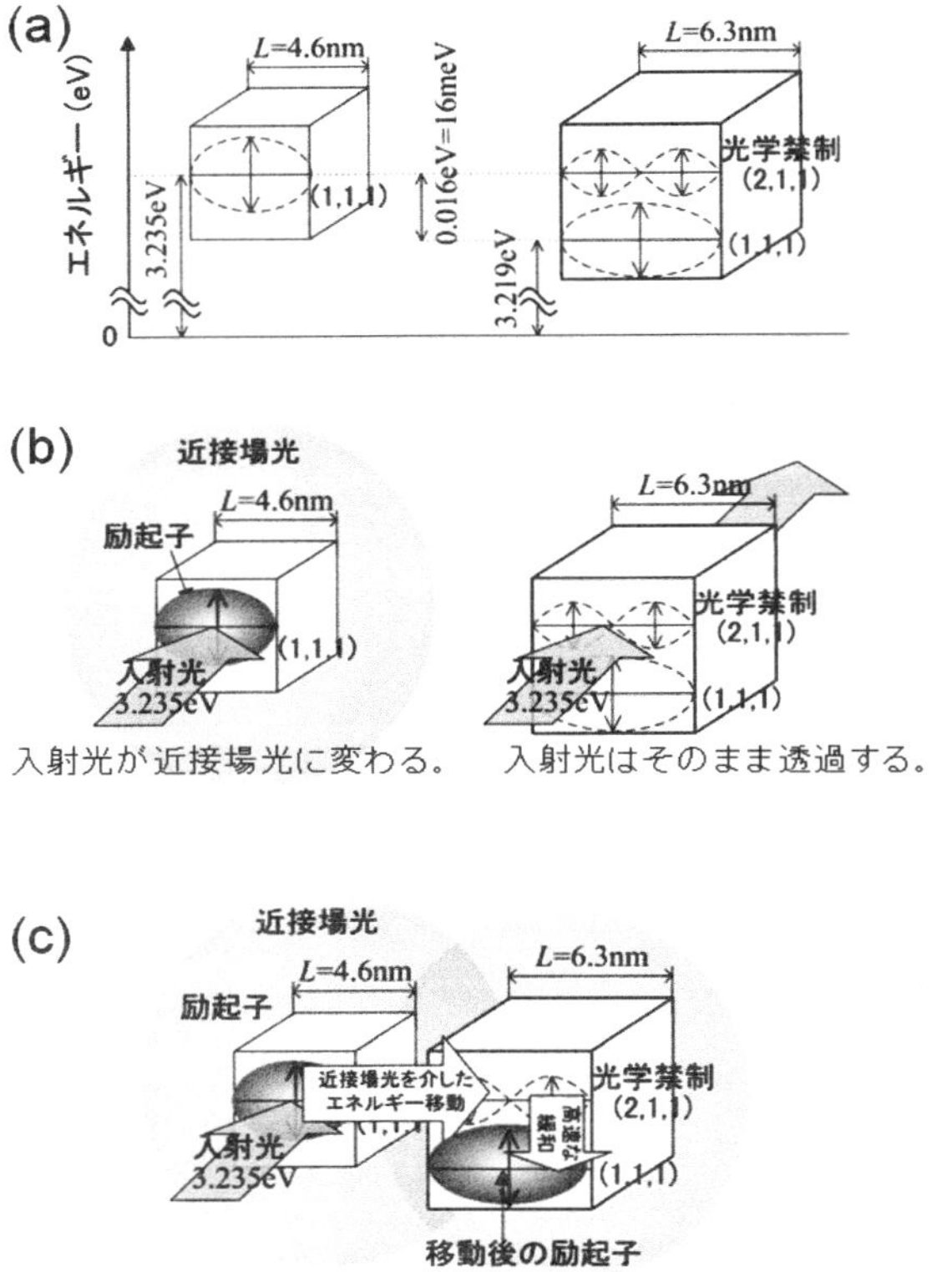

図 6.1 (a) 4.6 nm と 6.3 nm の立方体形状をした CuCl 量子ドットにできる励起子のエネルギーとその振動の様子。(b) 4.6 nm と 6.3 nm の CuCl 量子ドットを 3.235 eV の光で励起したときにできる励起子。2 つの量子ドットが離れている場合 4.6 nm の量子ドットには励起子が生成されるが、6.3 nm の量子ドットでは光学禁制遷移のため励起子が生成されず、光はそのまま透過する。(c) 2 つの量子ドットが隣接している場合、4.6 nm の量子ドットに生成された励起子が 6.3 nm の量子ドットに近接場光を介してエネルギー移動し、6.3 nm の励起子状態（1,1,1）に緩和する。

という式で与えられます。ここで、E_B は3.204 eV, $\hbar$ はプランク定数 h を 2π で割った値（1.055×10^{-34} J・s)、M_{ex} は励起子の質量（2.095×10^{-30} kg)、L は量子ドットの一辺の長さ、a_B は励起子のボーア半径（〇・六八ナノメートル）です。

難しく考える必要はありません。量子ドット中の励起子というものが量子ドットのサイズや振動の様子によって異なるエネルギーをもつということです。このような励起子と同じエネルギーをもつ光が量子ドットに入射されると、光の一部が励起子に変化する現象が起き、光と励起子の連成振動（励起子ポラリトン）がつくられます。たとえば、三・二三五電子ボルトのエネルギーをもつ伝搬光（波長三八三ナノメートル）が入射されると、四・六ナノメートルの量子ドット中の励起子（1,1,1）が入力光に共鳴し生成され、励起子ポラリトンによる近接場光がつくられるのです（図6・1(b)）。伝搬光は同時に六・三ナノメートルの量子ドット中の励起子状態（2,1,1）にも共鳴しますが、励起子の生成は期待できません。その理由は励起子の振動と光の振動が整合しないからです。このようなケースを「光学禁制された遷移（状態変化）」であると呼びます。ところが、近接場光は伝搬する光ではありませんので、この光学禁制された遷移を変化させ、六・三ナノメートルの量子ドット中の励起子（2,1,1）を生成可能にするのです。

実際の光学禁制遷移を近接場光で起こす実験では、二つの量子ドット（一つは近接場光発生源としての四・六ナノメートルの量子ドット、もう一つは光学禁制遷移をもつ六・三ナノメートルの量子ドットです）を近接場光の届く範囲に隣接させました。すると、光学禁制された六・三ナノメートルの量子ドット中の励起子状態（2,1,1）に四・六ナノメートルの量子ドットから発生した近接場光が作用し、伝搬光だけではつくることのできなかった（2,1,1）状態の励起子が生成されます。それだけではありません。生成した励起子はより安定な励起子状態（1,1,1）へと短時間のうちに緩和するのです。この際わずかなエネルギーの損失（一六ミリ電子ボルト）が生じ、一〇〇K以下の低温では、この損失を補填するだけのエネルギーを環境から得ることができないため、四・六ナノメートルの量子ドットから六・三ナノメートルの量子ドットにエネルギーが移動したことが確定します（図６・１(c)）。このエネルギー損失の大きさは、通常の光デバイスにおけるエネルギー移動確定時における損失に比べ一〇〇分の一程度であり、理論的に最低のエネルギー損失での状態確定が可能になります。

　ここでは「移動が確定する」あるいは「状態確定」という難しい言い方をしました。これは量子力学の記述する描像が成り立つ微細な空間での現象では不確定性のため、観測を行わない限り、エネルギーがどこに存在するか確定されないということに対応し、六・三ナノメートルの量子ドット中でのエネルギー損失は観測するという行為に相当します。ともかく、こうして情報を運ぶ機能を量子ドット間の近接場光エネルギー移動という現象によって実現することができました。

　図６・２に、量子ドット間の近接場光エネルギー移動を初めて観測した結果を示します。ランダムに多数個分布した四・六ナノメートルの CuCl 量子ドットの一部分に六・三ナノメートルの量子ドットが少数個混ざっている試料からの発光の強度分布を近接場光学顕微鏡により観察した

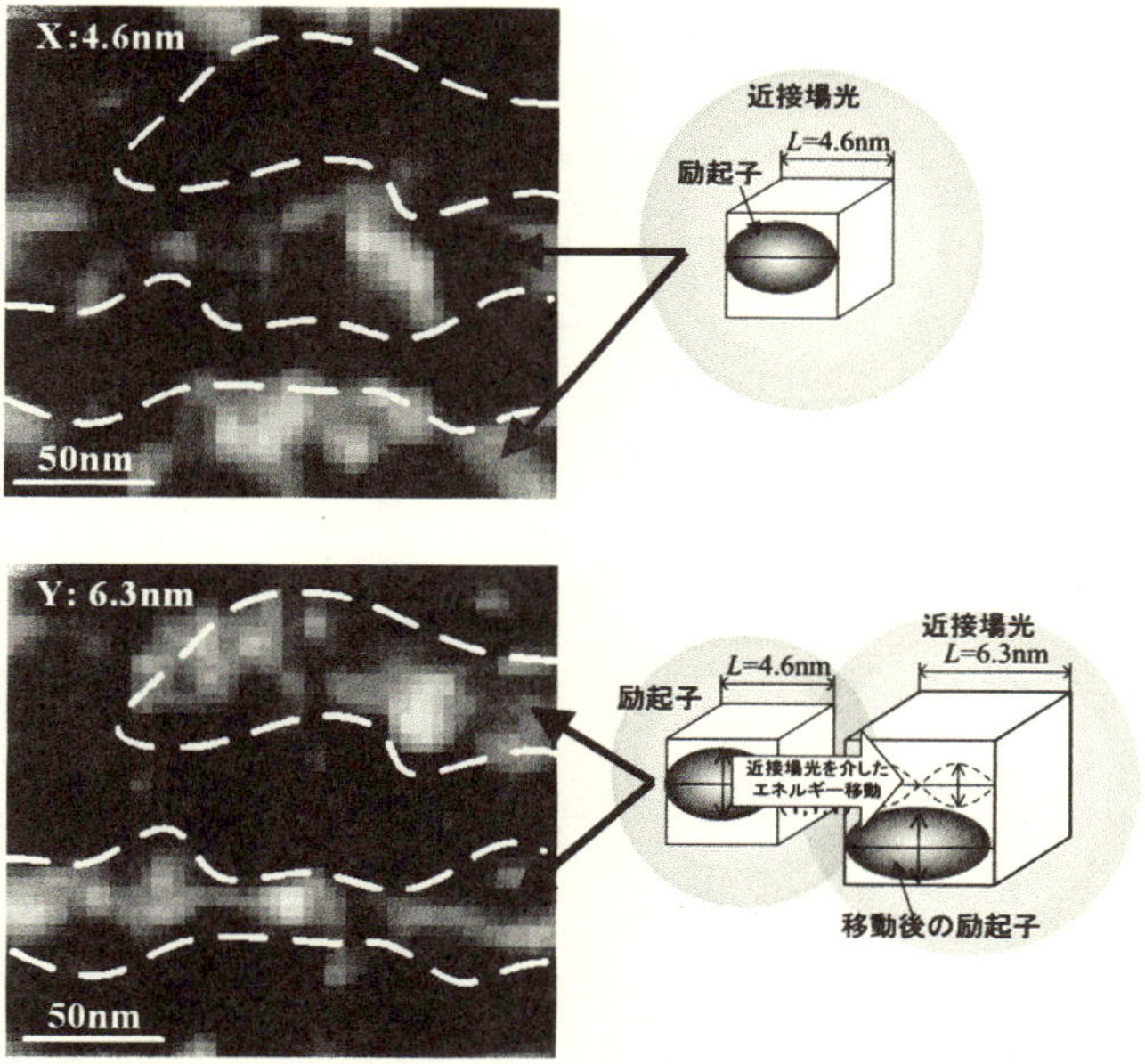

図 6.2　量子ドット間のエネルギー移動の実験結果。4.6 nm の量子ドットの発光の分布と 6.3 nm の量子ドットの発光の分布。4.6 nm の量子ドットのみが存在している領域と 4.6 nm と 6.3 nm の量子ドットが隣り合って、エネルギー移動を起こしているところでは発光の強い場所と弱い場所が反転して見える。

ものです。その結果、四・六ナノメートルの量子ドットのみが存在する領域では四・六ナノメートルの量子ドットの発光が観測されるのに対し、四・六ナノメートルの量子ドットと六・三ナノメートルの量子ドットが混在する領域では四・六ナノメートルの量子ドットの発光は弱く、六・三ナノメートルの量子ドットの発光が支配的であることがわかりました。すなわち、四・六ナノメートルと六・三ナノメートルの量子ドットが混在する場合、四・六ナノメートルの量子ドットはエネルギー移動の結果エネルギーを失い発光できず、その分六・三ナノメートルの量子ドットが強く光っています(3)。少し難しい話になりましたが、これから紹介するナノフォトニックデバイスの動作の基本原理はこの量子ドット間のエネルギー移動にあり、極めて重要な物理現象です。

第三節　近接場光エネルギー移動の制御

この節では、具体的に何種類かのナノフォトニックデバイスの機能・原理の説明を行おうと思います。前節で話しましたが、小さい量子ドットと大きい量子ドットが近接しているときは、小から大の一方向にエネルギーが流れることを頭に描いてください。最初にＡＮＤゲートについて動作原理を考えましょう。ＡＮＤゲートは二つの入力端子に同時に信号が入ったときに出力信号が出る機能素子です。図６・３(a)に、サイズの異なる三個の量子ドットで構成されるＡＮＤゲートを示します。前節と同じように CuCl 量子ドットで考えましょう。各量子ドットのサイズは入力ドットＡとして一辺三・五ナノメートル、入力ドットＢとして六・三ナノメートル、出力ドットとして四・六ナノメートルの立方体量子ドットを用意します。また、それぞれが近接場光で結合できる距離まで近接させます。この条件では励起子のエネルギー状態の相互関係によって、図

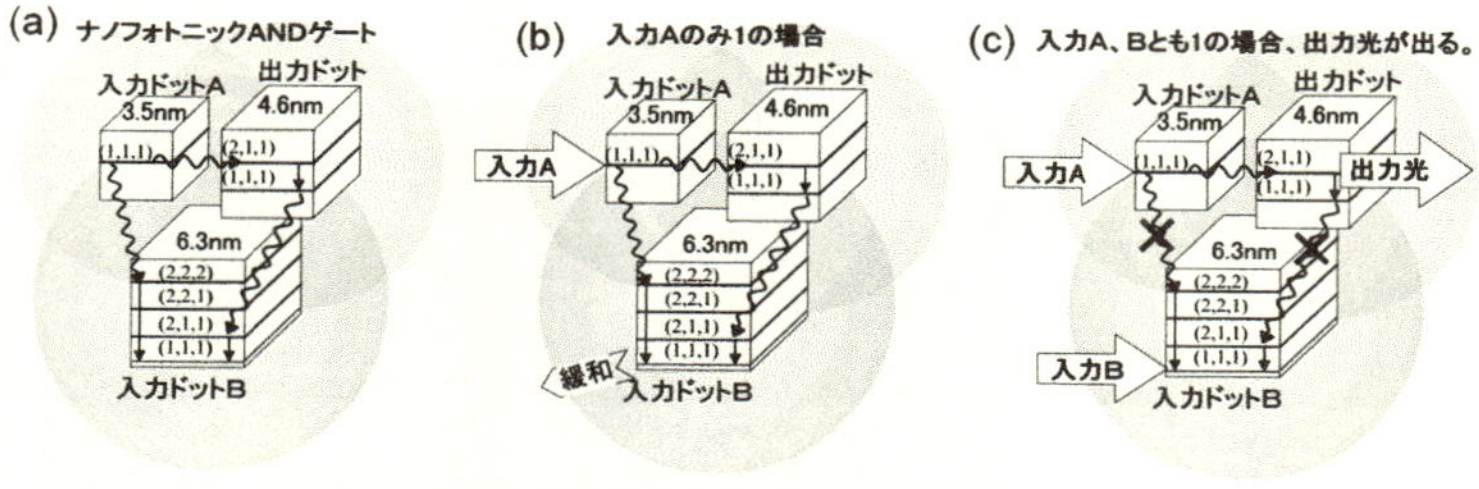

AND動作	①	②	③	④
入力A	0	1	0	1
入力B	0	0	1	1
出力	0	0	0	1

図 6.3　AND ゲートに必要な 3 つの量子ドットの配置と動作状態

中〜の矢印で示す方向に近接場光エネルギー移動が起こります。そして、次に示すようなデバイス動作が期待できます。

① 入力A、Bとも0の場合。出力端にはエネルギーがこないので出力0になる。

② 入力Aは1、Bは0の場合。入力Aの信号は六・三ナノメートルの量子ドットにすべて移動し、出力は0になる。(図6・3(b)参照)

③ 入力Aは0、Bは1の場合。入力Bの信号はエネルギー関係からどの量子ドットにも移動できずに出力は0になる。

④ 入力A、Bとも1の場合。入力Aから六・三ナノメートルの量子ドットへのエネルギー移動が入力Bによりブロックされ出力端に流れるため出力が1になる。(図6・3(c)参照)

これらをまとめると図6・3中の表のようになり、ANDゲートの動作が起こることがわかりま

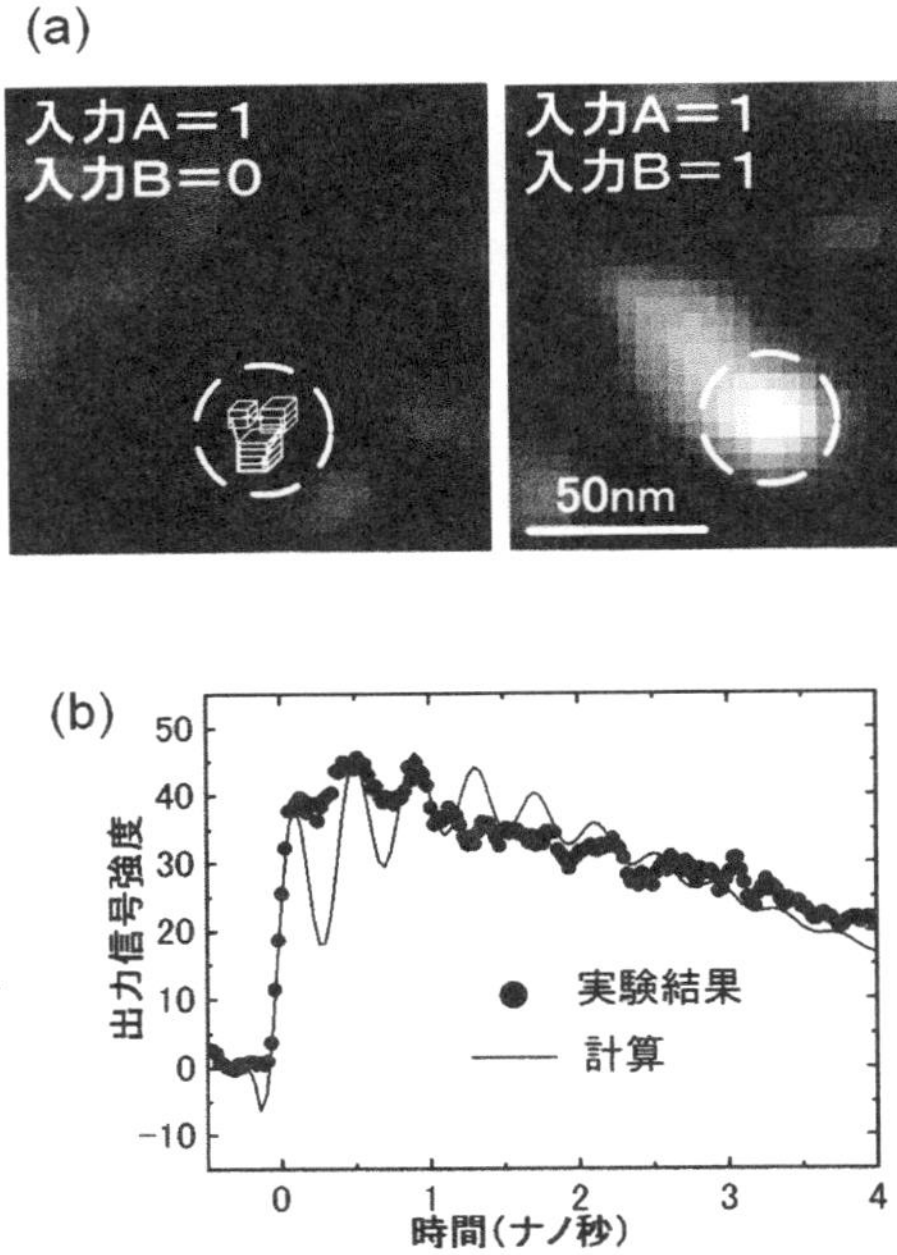

図 6.4　AND ゲートの動作状態

す。図６・４に実験結果を示します。実験ではＡＮＤゲートからの出力信号の光強度分布を近接場光学顕微鏡により観測しました。この実験に使ったデバイス全体の大きさはわずか二〇ナノメートルしかありません。図６・４(a)は、ＡＮＤゲートからの出力信号像を表しています。入力Ａ＝１、入力Ｂ＝０の場合、出力信号がほとんど０であり、入力Ａ＝１、入力Ｂ＝１の場合、強い出力信号が得られています。また、入力信号Ｂにパルス光を用いた場合は、出力信号もパルスに応じて時間変化する信号となります。その時間変化観測したものが図６・４(b)です。黒丸で実験結果を示しています。また、実線は近接場光相互作用を考慮した理論計算の結果で、実験と非常によく一致しています。伝搬光の理論では近似のため、このような実験結果を説明できる計算結果は得られません。このような計算結果は、近似によって無視されていた部分をもっと厳密に扱う必要のある近接場光を考慮してはじめて得られます。つまりこの光デバイスは近接場光によってのみ実現できた質的変革の一つです[4]。質的変革はもちろん性能面にも現れます。得意とする性能（速度や感度など）は光デバイスによって異なりますので、性能を性能指数（ＦＯＭ）という尺度を用いて比較します。ここで説明したナノフォトニックデバイスは、既存のどの光デバイスよりも一〇～一〇〇倍大きな性能指数を有しており、これも質的変革でなし得たことの一つです。

次にＮＯＴゲート動作を実現した例を説明します。ＮＯＴゲートは反転動作とも呼ばれ、入力が０のときに出力が１、入力が１のときに出力は０になります。ナノフォトニクスによるＮＯＴゲート動作にはいくぶん込み入った物理現象を利用しますので、詳細は参考文献を見ていただくことにし[5]、機能と実験結果の概略を説明します。ＮＯＴゲートのデバイスは二個の互いに共鳴しない量子ドット、および量子ドットに連続的にエネルギーを供給する部分（電源光と呼ばれています）で構成されます（図６・５）。その動作は以下のようになります。

① 入力信号が０の場合。出力端には電源光からのエネルギーがそのまま供給されますので、出力が１になります。（図６・５(a)）

② 入力信号が１の場合。入力信号により量子ドットの電子状態が変化する（主に励起子の多体効果）ため、電源光からのエネルギーは大きな量子ドットに緩和し、出力が０になります。

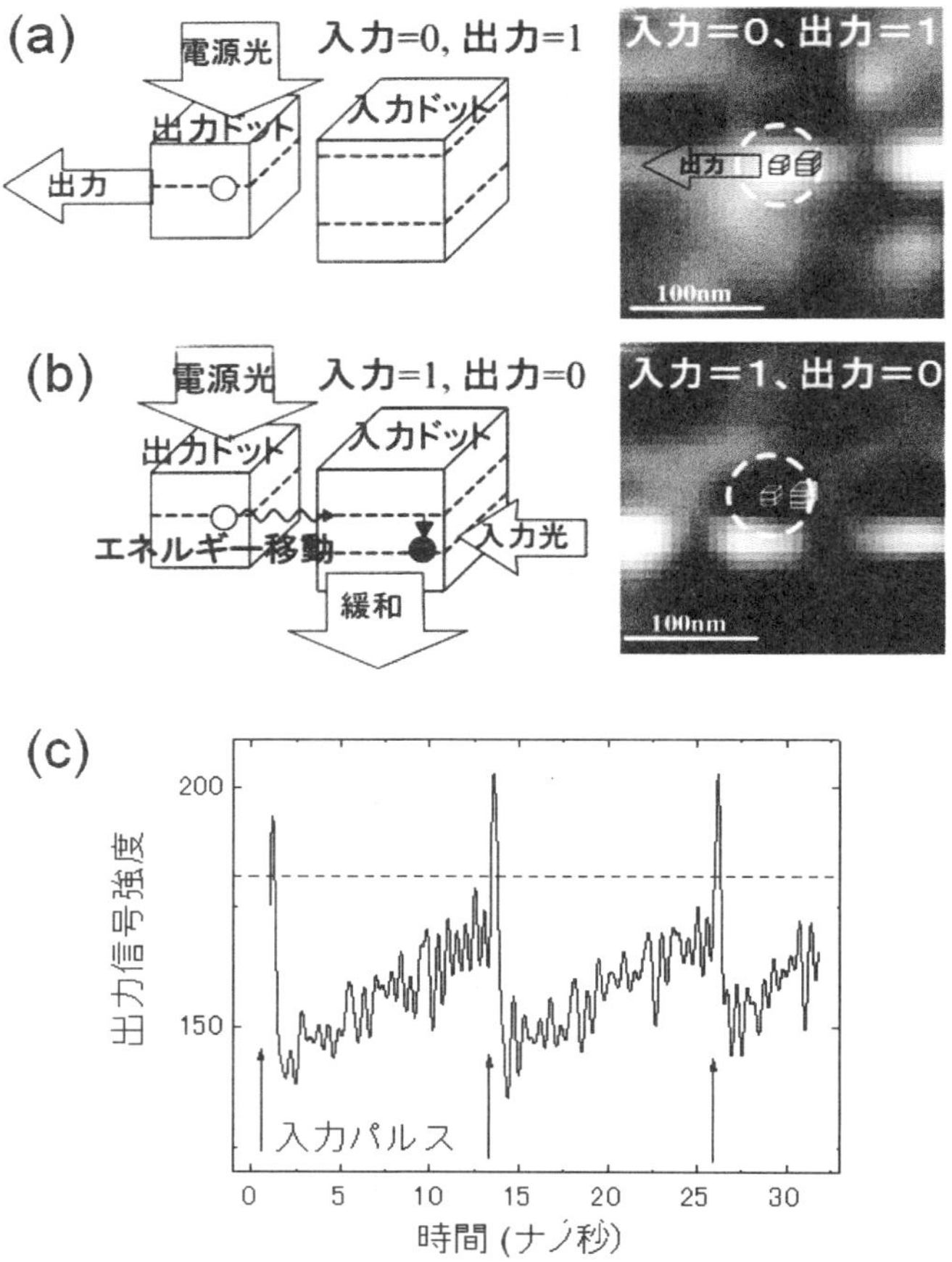

図 6.5　NOT ゲートの動作状態

（図６・５(b)）

①、②は反転動作することを意味し、ＮＯＴゲート動作が実現することがわかります。実験結果においても、入力＝０のときに観測されていた（つまり出力＝１）出力信号が入力＝１のときには観測されなくなっている（つまり出力＝０）ことがわかります。図６・５(c)は、電源光にＣＷ光源（連続光）を用い、入力光にパルス光を用いた場合の出力信号の光強度の時間変化を示しています。パルス光が入射されるとともに出力信号の光強度が減少しており、入力信号に対する反転的動作、すなわちＮＯＴゲート動作が実現していることがわかります(5)。

ＡＮＤゲートとＮＯＴゲートの機能を有するデバイスを構築できたことは、論理ゲート回路の完備系を用意できたことに相当します。つまりどんな論理動作も実現可能であることを意味します。これらは、ＯＲゲート、ＮＯＲゲート、ＮＡＮＤゲートなどであり、現在のコンピュータで使われているどのような論理回路も実現可能なのです。

このように、ＡＮＤゲートとＮＯＴゲートを組み合わせることにより、高機能なナノフォトニックデバイスの構築も可能となりますが、これらを支える最も重要な物理機構はエネルギー移動、およびエネルギーが移動したことを確定するための緩和による微小なエネルギーの散逸です。既存の光デバイスは光を電子に変換しエネルギー散逸させることで出力が１か０かのような状態確定を行っています。一般に状態確定することを考慮しない方法で微小な光デバイス動作のシミュレーションを行い、その結果に従ってデバイスを作製した場合、それが実際に動作するかどうかはかなり不確定です。というのは、複数のデバイスを接続する際、負荷（すなわち状態確定をする行為によるエネルギーの散逸）が無視できなくなるからです。この負荷はデバイスサイズが大きく散逸が無視できる場合には問題にならないのですが、微小な光デバイスでは接続したとたん出力部に負荷が掛かり、その動作は変化してしまうと考えられます。繰り返しになりますが、近接場光の理論や近接場光によって動くナノフォトニックデバイスではもともとこのエネルギーの散逸が取り込まれています。そしてエネルギーの散逸をどこにどのような方法で取り入れるかが高効率・高性能のナノフォトニックデバイスの実現のために最良の解の一つを与えることをわかっていただければ幸いです。

第四節　光ナノファウンテン

光ナノファウンテンは一〇ナノメートル程度の空間に光エネルギーを集中させる集光素子です。波動光学に基づく集光はまさに光の回折限界に支配されており、回折限界以下の領域に光を集めることは不可能です。また、レーザ光源や点光源、あるいは太陽のように非常に遠方からの光であるなど、質のよい光源からの光でないと回折限界値に達するまで集光することは難しいのです。一方、ここで説明する光ナノファウンテンは、どんな光源の光であっても回折限界を超えて効率よく集光することが可能です。図６・６にその構成を示します。これまで説明したように、

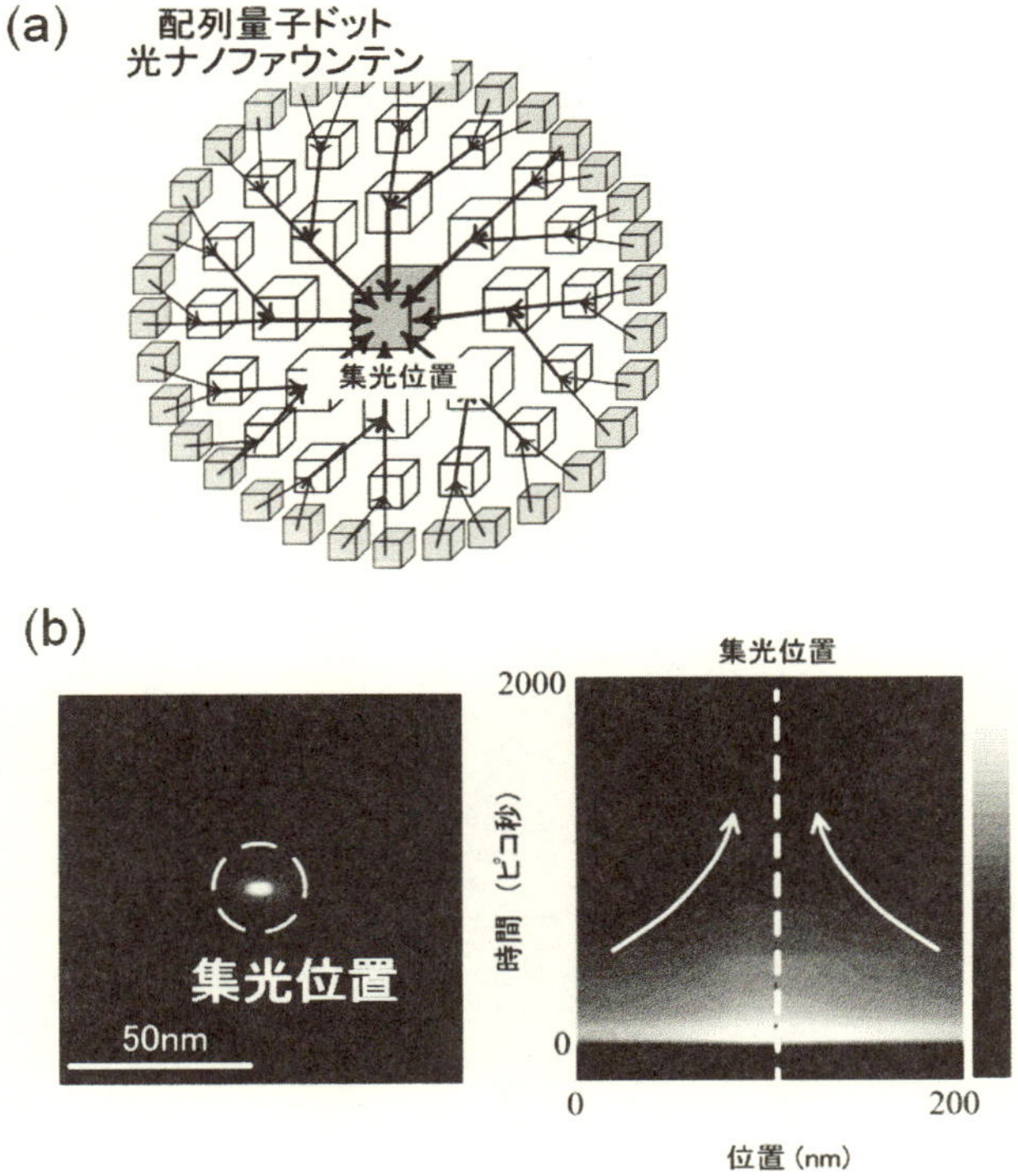

図 6.6　光ナノファウンテンのための量子ドット配置と動作状態

近接場光を介したエネルギー移動は必ず小さな量子ドットから大きな量子ドットに向う方向性をもっています。この性質を利用し、多数の小さな量子ドットで光を捕獲し、大きな量子ドットにエネルギー移動させ、最も大きな量子ドットにエネルギーを集中させます。図6・6(b)の実験結果では、半径約一五〇ナノメートルの光を一辺約一〇ナノメートルの量子ドットに集光させることに成功しています。また、時間の進展に伴って集光位置に光が集まっていく様子も見て取れます。集光された光の直径は一〇ナノメートル程度であり、集光性能を記述される際に使われる開口数（*NA*）という指数を用いると四〇という値になります。倍率一〇倍の対物レンズの*NA*は〇・二程度、二〇倍で〇・四、かなり特殊な集光レンズでさえ一程度（この値が回折限界に相当）にしかならないことを考慮すると、光ナノファウンテンの性能が飛び抜けていることが理解できると思います(6)。

このような、エネルギーの一部を散逸しつつ集光するシステムは植物が光合成のために光捕獲する機構に大変よく似ています。光合成における集光システムはその効率が九〇％を超えることが知られており、我々の光ナノファウンテンにおいても同様の効率が期待できると考えています。

前節では、すでにコンピュータなどで用いられている既存の論理回路構成およびそのシステムに従ったデバイスのほうがわかりやすいと考え、それに沿った動作を行うＡＮＤゲート、ＮＯＴゲートについて説明を行いました。しかしながら、ナノフォトニクスでは既存のシステムとはまったく異なる展開が考えられます。その詳細は第八章で説明しますが、ここで説明した光ナノファウンテンはその中核となります。光ナノファウンテンを用いると、既存の論理システムでは極めて複雑になる加算・積分回路やアナログ／デジタル変換、デジタル／アナログ変換回路などが単純な方法で実現可能になることを付け加えておきます。

第五節　室温動作デバイスに向けて

ここまでに紹介した実験結果は、すべて液体窒素温度（七七Ｋ）以下で行われたものです。実際の応用では、室温、もしくは電子冷却などによって容易に到達できる温度で動作することが求められます。具体的に実用に耐えうる室温動作するナノフォトニックデバイス材料に求められる要求は

① 室温にて量子閉じ込めレベルが縮退しないこと、すなわち、励起子の各エネルギー状態間の間隔が五〇ミリ電子ボルト程度必要。
② 量子ドット間距離を量子ドットのサイズ程度にすること。
③ 量子ドットの寸法誤差を一〇％以内に収めること。
④ デバイスをつくる際、量子ドットの光学的特性を変化させない加工法があること。

などです。ここまでの実験に用いたCuCl量子ドットは②、③の用件を満たすことが可能ですが、①、④に関しては達成不可能です。そこで、その候補となる材料として、ZnO（酸化亜鉛）の量子ドット、InAlAs量子ドット、InAs量子ドットなどを選び、デバイス開発を進めています。その一例として、図６・７(a)に、実験に用いたInAlAs量子ドットの構造を示します。この試料では大きさの異なる二種類の量子ドットが二層にわたって整列しているので、近接場光による層間

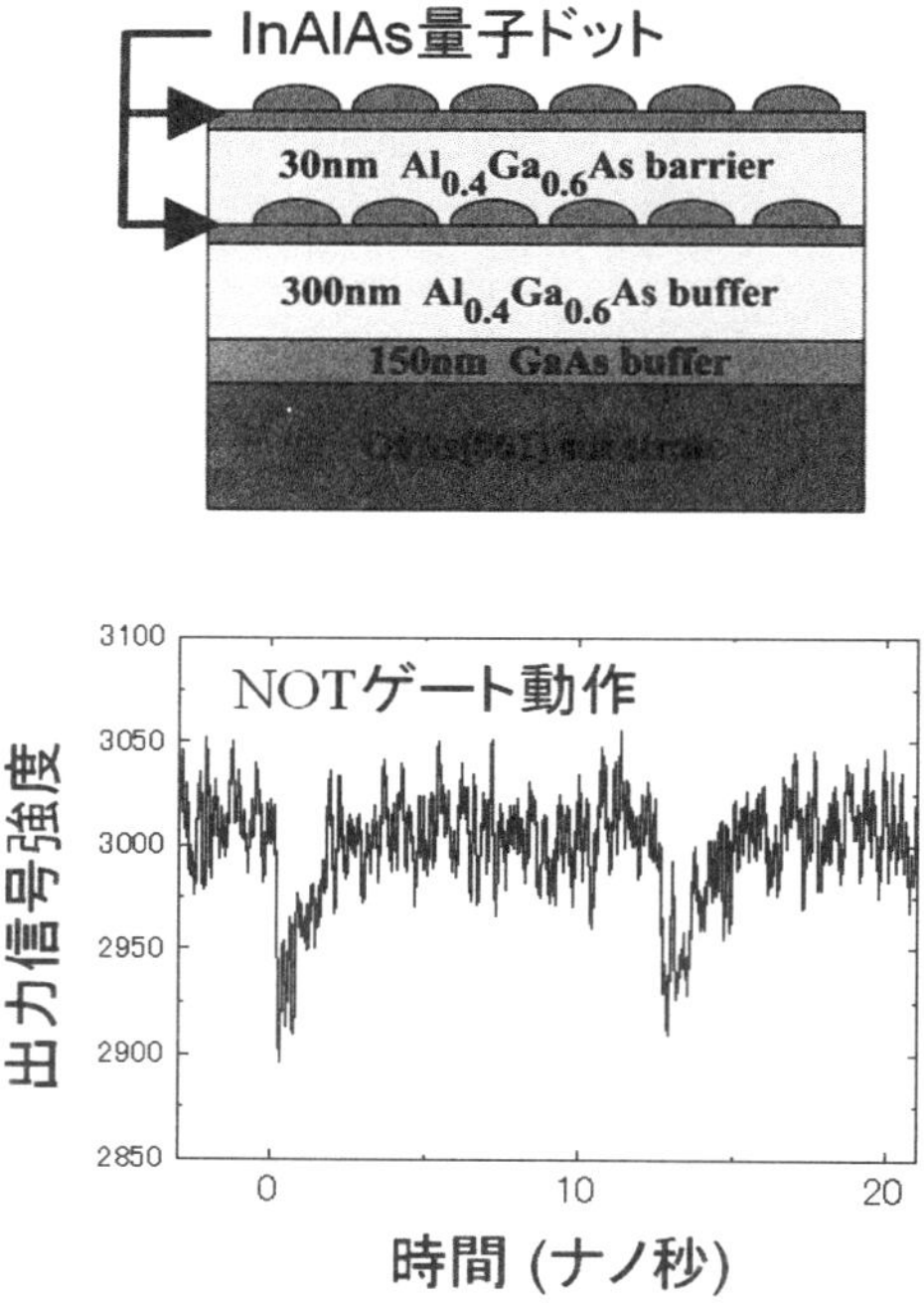

図 6.7 InAlAs 量子ドットを用いた NOT ゲート、デバイス構造と実験結果

でのエネルギー移動が期待できる構造になっており、図(b)の実験結果は、この材料がＮＯＴゲートとして動作したことを示しています[5]。

第六節　ナノフォトニックデバイスのための加工

実用的なナノフォトニックデバイスを作製するには、材料を加工する必要があります。加工サイズは一〇〇ナノメートル以下であり、簡単に光学特性の変化する量子ドットを加工する場合に

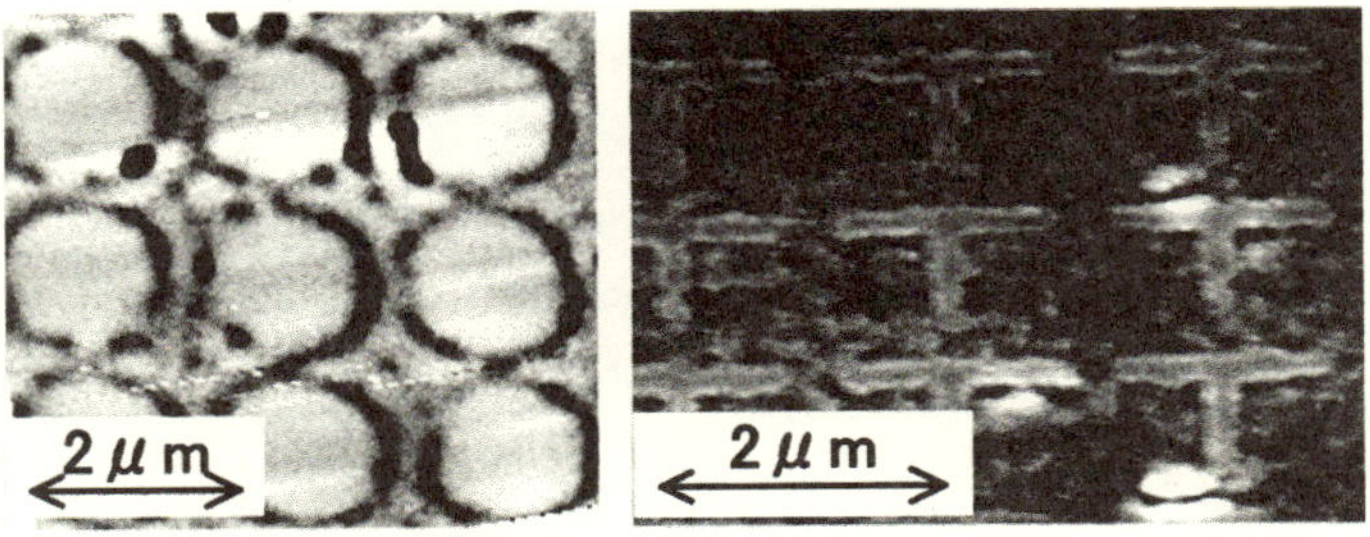

図 6.8　非断熱近接場露光法によりつくられたパターン

は、ダメージの少ない方法であることが必須です。第四章で近接場光リソグラフィに関する説明が行われておりますが、それは電子線リソグラフィと比較し、試料にダメージを与えないこと、真空紫外などを使った高価な加工法でないことからナノフォトニックデバイス作製に最も適した方法であると考えています。しかしながら、等倍露光であるため、転写に用いるフォトマスクには高い加工精度が要求され、複雑なナノフォトニックデバイス加工用フォトマスク作製は難しく、たとえ加工可能であっても大変高価になります。

　しかし、第二章で触れられたように、近接場光を用いると紫外線用フォトレジストが可視光で感光するという新しい現象（非断熱近接場露光と呼ばれています）は比較的容易で安価なナノフォトニックデバイスの加工を実現します[7]、[8]。この感光現象は近接場光によってのみ起き、これまで知られている感光とは質的に異なる化学現象なのです。そして、フォトマスクのパターンサイズに比べ微細なパターン形成が可能であること、フォトマスクを通り抜けた伝搬光に感光が起きないため複雑なパターン形成が可能であるといった利点をもちます。図6・8に、非断熱近接場露光法を使ったフォトリソグラフィによる作製例を示します。リング形状に加工されたパターン、T型に加工されたパターンです。これらは、通常の光リソグラフィでは形状の複雑さのため加工が大変難しく、非断熱露光法によりはじめて容易にできるようになりました。したがって、この方法により前出の困難さ、高価格を克服できそうです。実際この手法によってつくられたナノフォトニックデバイスの動作がすでに確認されていますので、CPUのようなナノフォトニックデバイスの実用的集積回路作製にも利用されていくと思われます。

第七節　今後に向けて

本章で説明したナノフォトニックデバイスは基本的には非常に微弱な一つの光子（単一光子）で動作するので、単一光子であることを利用した新しいデバイスへの展開が考えられます。デバイス内部では一〇〇%に近い効率での信号処理が期待でき、消費電力も小さいでしょう。さらに性能を上げるために、信号処理の結果を読み出す受光素子の効率を向上させること、複数のナノフォトニックデバイスの並列動作、ナノフォトニック光増幅器の研究が必要だと思われます。また、ナノフォトニックデバイスは単なる量的変革ではなく、質的変革に基づいており、これまでにその基礎となる領域の研究から既存のシステムに即したデバイスを構築することができました。次々と新しい実用デバイスとして利用可能な現象も発見されており、今後もさらに研究の裾野は広がっていくことでしょう。そして、ナノフォトニックデバイスが皆様に利用される日もそう遠くないと思っています。

参考文献

(1) 財団法人光産業技術振興協会、光テクノロジーロードマップ、情報通信分野

(2) Massachusetts Institute of Technology, Microphotonics Center Communications Technology Roadmap (2005)

(3) 川添忠、小林潔、大津元一、「ナノ物質間の近接場光相互作用の研究と展開」、固体物理、第四〇巻、第四号、pp.227-238 (2005) / Tadashi Kawazoe, Kiyoshi Kobayashi, Jungshik Lim, Yoshihito Narita, and Motoichi Ohtsu, Phys. Rev. Lett., **88**, 067404 (2002)

(4) 川添忠、「ナノフォトニクスデバイスとその集積化」、月刊オプトロニクス十一月号、pp.132-137 (2002) / Tadashi Kawazoe, Kiyoshi Kobayashi, Suguru Sangu, and Motoichi Ohtsu, Appl. Phys. Lett., **82**, 2957 (2003)

(5) Tadashi Kawazoe, Kiyoshi Kobayashi, Kouichi Akahane, Makoto Naruse, Naokatsu Yamamoto, and Motoichi Ohtsu, Applied Physics B, **84**, 243 (2006)

(6) T. Kawazoe, K. Kobayashi, and M. Ohtsu, Appl. Phys. Lett., **86**, 103102 (2005)

(7) 川添忠、「ナノ光が起こす光化学反応の活用：非断熱近接場光化学反応による光ＣＶＤと光リソグラフィ」、工業材料十月号、Vol.53, No.9, pp.88-91 (2005)

(8) H. Yonemitsu, T. Kawazoe, K. Kobayashi, and M.Ohtsua, J. Luminescence, **122-123**, 230 (2007)

第七章　ナノフォトニクスによる微細加工の最先端

八井　崇

第一節　ナノ寸法加工の必要性

近年の「ナノテクノロジー」の進展を支えているのは、ナノメートルという非常に小さな領域で寸法制御が可能で、さらには結晶性の優れたものを生成するのが簡便な金属あるいは半導体ナノ微粒子です（逆にいうと、マイクロメートル以上の大きい寸法では作製することが困難）。これらは、乱雑に存在しているだけでも、何かしらの機能を示しますが（金属微粒子がステンドグラスに利用されているのは有名でしょう）、これらをさらに高機能化するには、より高い精度での寸法制御や、堆積するための基板のナノ寸法での加工精度が必要不可欠となっています。このナノ寸法の製作手法として、露光装置とエッチングを用いる加工法（トップダウン）と結晶成長装置などを用いて原子・分子を積み上げる加工法（ボトムアップ）が挙げられます。トップダウンは、近年X線などの超短波長光源を用いたリソグラフィにより二〇ナノメートル以下の精度の加工が可能となっていますが[1]、「削る」ことによる加工が主となるため基板などの損傷が問題となります。これに対してボトムアップは「積み上げる」加工のため損傷という問題は回避可能です。

この「積み上げる」手法の中で、原料分子を光により解離し、堆積させる光化学気相堆積法（光CVD法）は、さまざまな材料を任意の場所に高精度に堆積することが可能です[2]。さらには、「非伝搬」・「局在」の特長を有する近接場光を用いることで、光の波長より遥かに小さな寸法（ナノメートル）の微細加工が可能となります。以後この章では、基本編と中級編で、この近接場光を用いた光ＣＶＤ法（近接場光ＣＶＤ法）を通して、ナノメートルオーダーでの微細加工法について解説します。さらに、このような微細加工技術を工業材料として実用化するためには、このような技術を一括で大面積にわたり行う必要があります。そこで、応用編として近接場光の特徴を積極的に活かした大面積一括加工技術について紹介します。

第二節　ナノ加工基本編

近接場光化学気相堆積法

ナノ物質を積み上げて、機能性をもたせるにも、基本的な堆積過程を知る必要があるので、まずは基本となる近接場光化学気相堆積法（ＮＦＯ-ＣＶＤ法）について説明します。図７・１に、このＮＦＯ-ＣＶＤ法(3)の原理図を示します。これは、先鋭化されたファイバの先端（図７・１の電子顕微鏡図、先端の大きさは一〇ナノメートル以下）に発生する近接場光により有機金属などの原料ガスを解離して積み上げていく方法です。この積み上げる際に、近接場光が発生するファイバを走査することで好きな形状のパターンを作製することが可能になります。

この方法で、小さい微粒子を堆積するときに問題となるのが、気相中で分解された金属原子の拡散です。これは、分解された金属分子が堆積する基板上で吸着し成長を始める核となるまでに

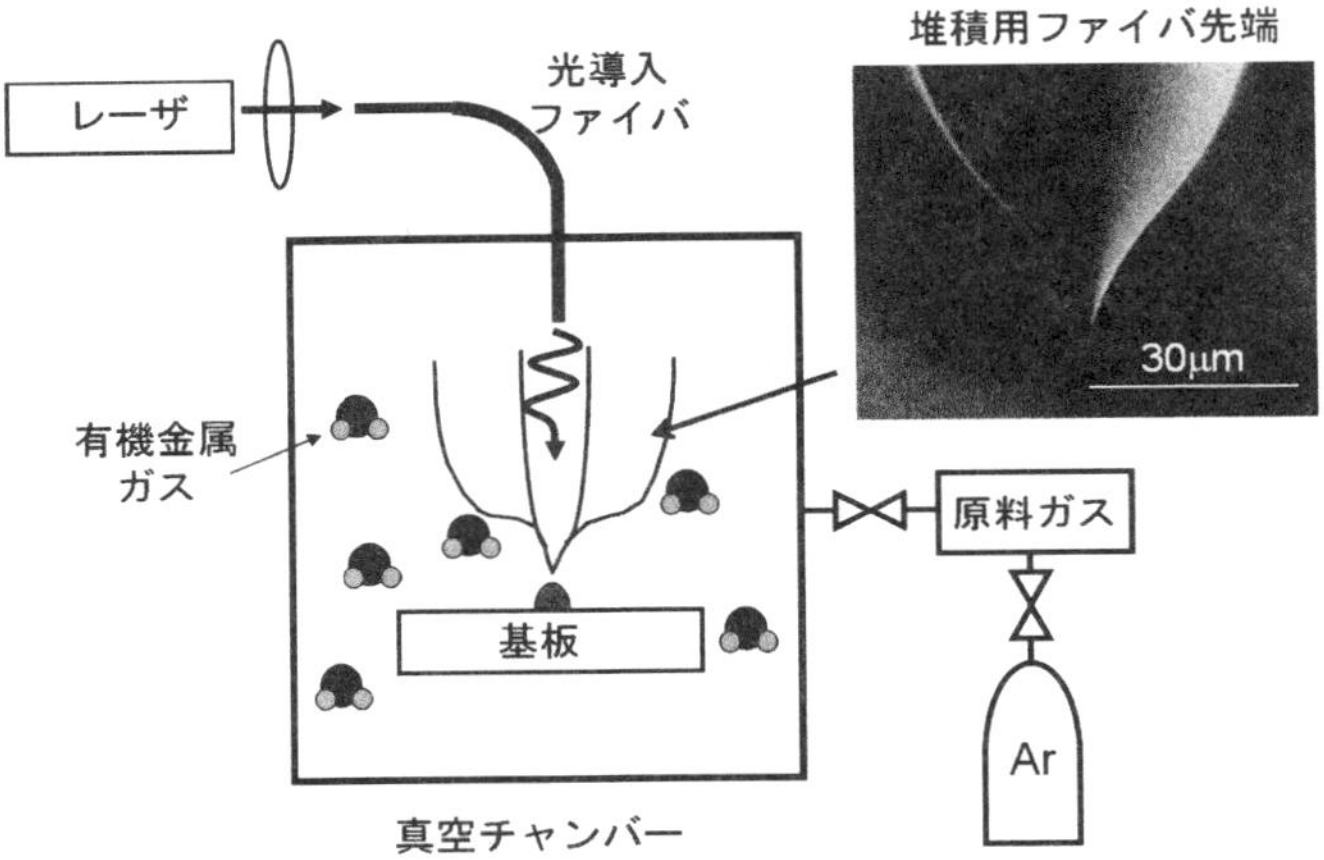

図 7.1　近接場光化学気相堆積法（NFO-CVD 法）の原理図

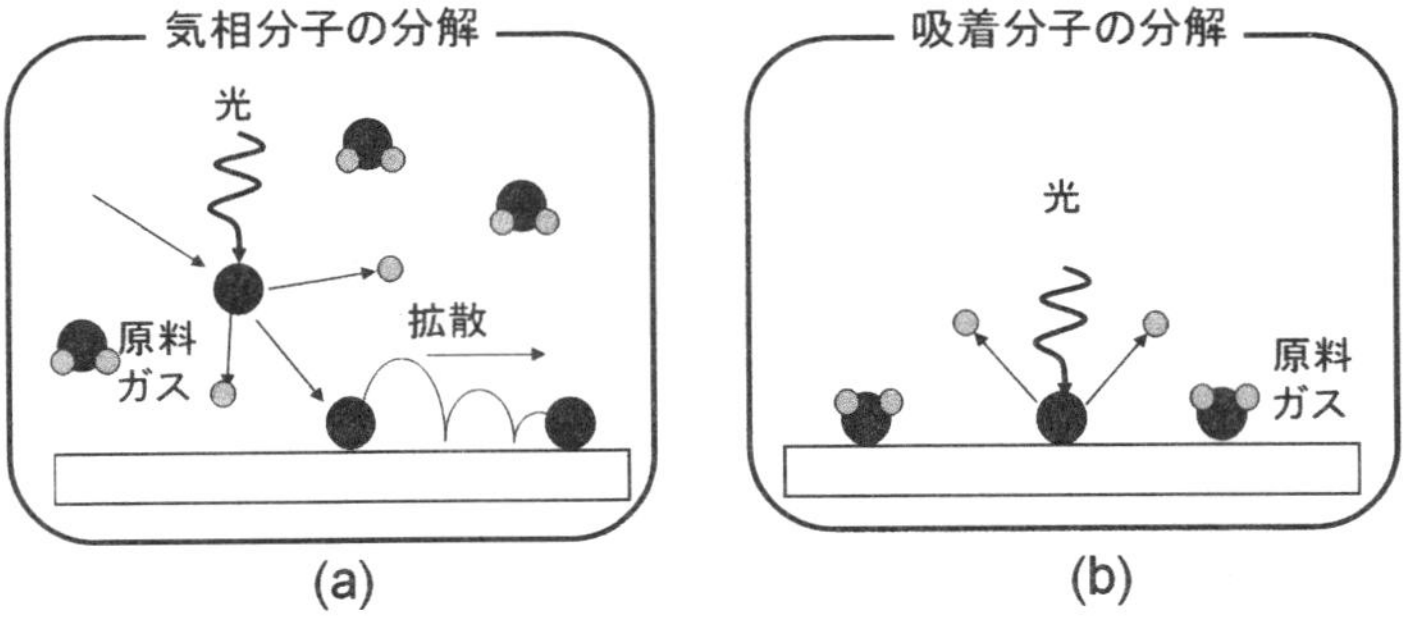

図 7.2　(a) 気相分子による堆積、(b) 吸着分子による堆積

基板上を拡散してしまうことによって、堆積される微粒子の寸法がファイバ先端に発生する近接場光の空間的分布よりも大きくなってしまいます（図７・２(a)）。この問題を解決するため、基板に吸着した分子の吸収スペクトルが気体分子のものに対して長波長側に移動する性質⑷を利用し、吸着された分子だけを選択的に分解して堆積する方法が試みられています（図７・２(b)）。実験は、原料であるジエチル亜鉛（$Zn(C_2H_5)_2$）の気相分子の吸収スペクトル端（λは二七〇ナノメートル）よりもわずかに長い波長三二五ナノメートルの光源を用いて行いました。この結果、気相分子に対して強い吸収を有する波長二四四ナノメートルでの堆積物（図７・３(a)および(c)の破線）と比較して、波長三二五ナノメートルを用いて堆積した結果、幅二五ナノメートル・高さ一六ナノメートルの高アスペクト比を有する亜鉛の堆積（図(b)および図(c)の実線）が確認されています⑸。

このように、堆積に用いるファイバ先端直下のみだけに微粒子を堆積することが可能となるため、ナノ構造を隣接して堆積することも可能となります。実際に、ナノ寸法微粒子を堆積させる際にファイバを動かして複数箇所に固定することで、三〇ナノメートル以下の亜鉛ナノ微粒子の作製が六五ナノメートルの間隔で可能となっています（図７・４(a)）⑹。

さらには、堆積中に原料ガスおよびその分解するための光源を選ぶことによって、異なる種類の微粒子を並べて堆積させることが可能になります。図７・４(b)には、亜鉛およびアルミニウム微粒子が隣接して堆積された結果を示しています⑺。ナノ寸法の微粒子を隣接して堆積させる手

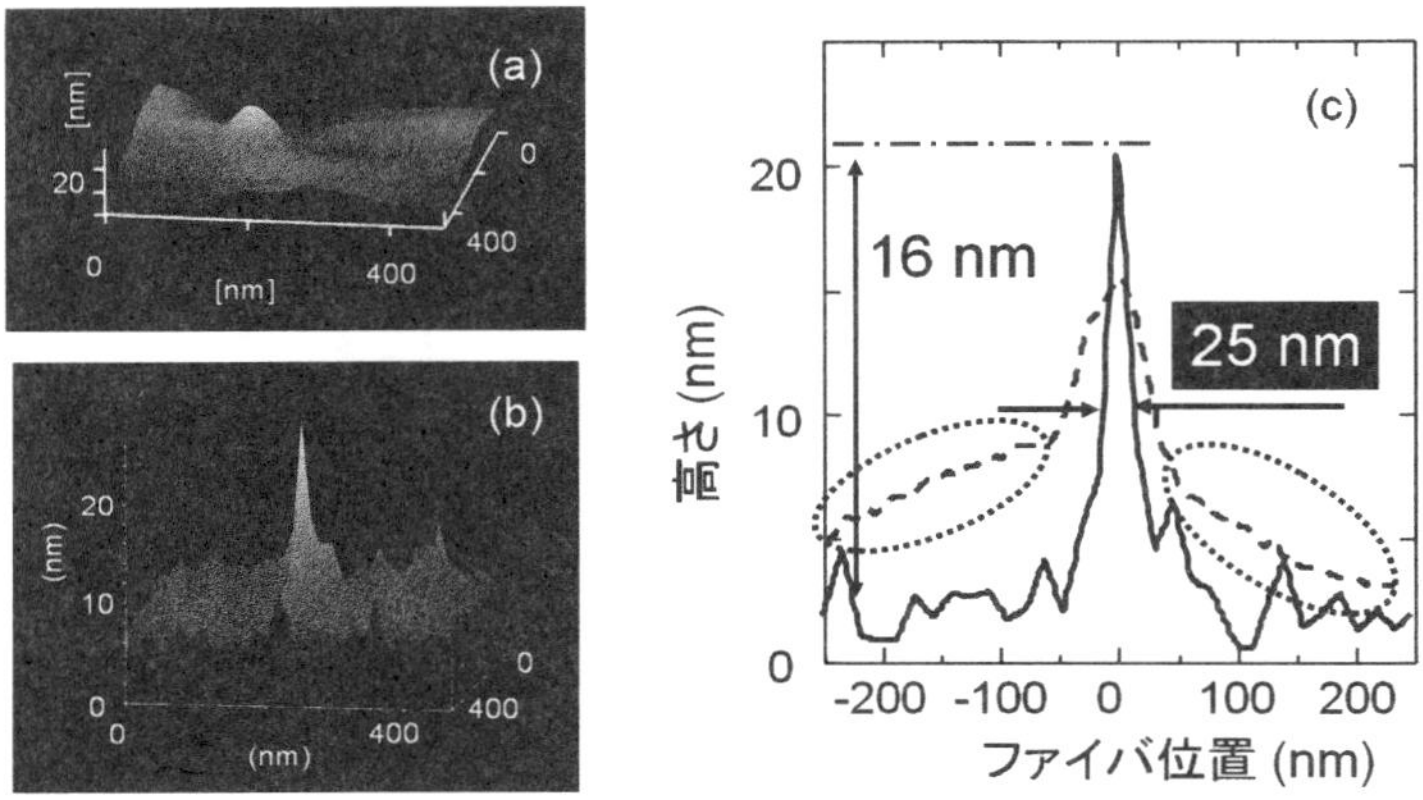

図 7. 3　(a) 波長 244 nm、(b) 波長 325 nm を用いて NFO-CVD 法により堆積された亜鉛ドット形状像、(c) (a)および(b)の断面図

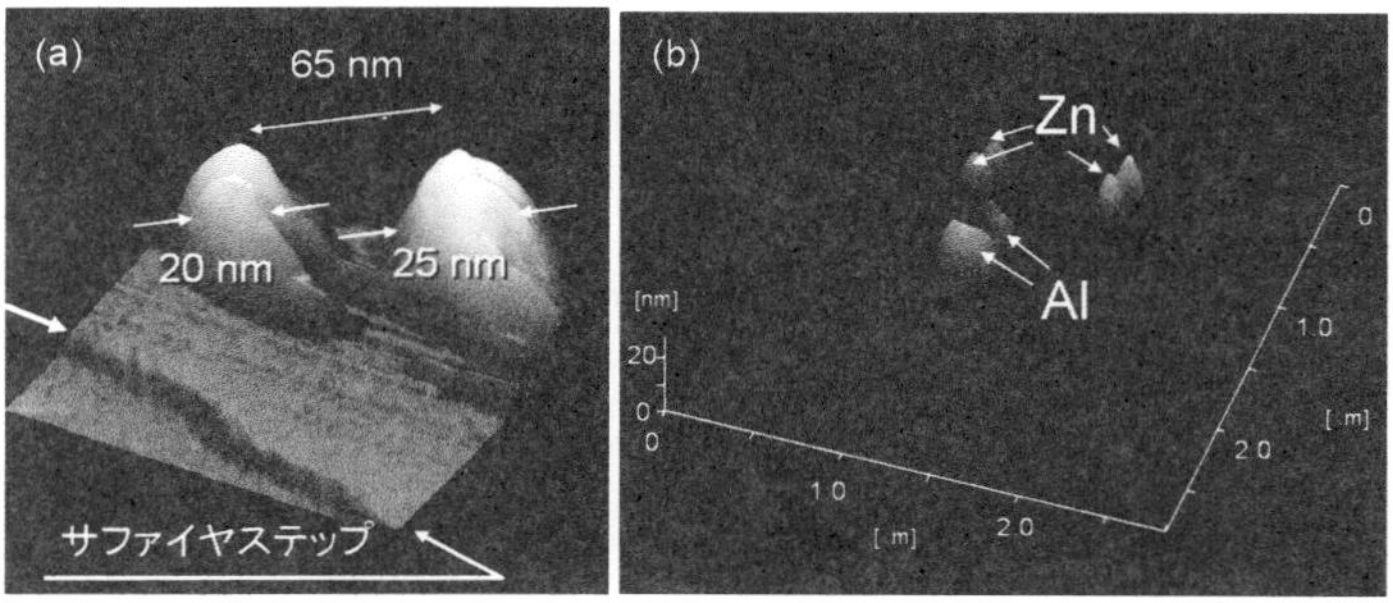

図 7. 4　(a) サファイヤ基板上に隣接して堆積された亜鉛微粒子の堆積結果、(b) 隣接して堆積された亜鉛およびアルミニウム微粒子の堆積結果

法には、分子線ビーム堆積法（ＭＢＥ法）などの自己組織化的手法などがありますが[8]、このように異なる物質を隣接して堆積できるのは、このＮＦＯ-ＣＶＤ法だけです。

以上の方法により、金属ナノ微粒子列を好きな位置に並べることは可能となりました。しかし、原料ガスとして用いた有機金属ガスにはカーボン（炭素）なども含まれるため、上記堆積物が実際に亜鉛であることを確認する必要があります。実験では、まず堆積した微粒子の酸化を行いました。酸化された亜鉛は、最近の青信号などで使われるチッ化ガリウムとほぼ同じ紫外領域で発光しますので、酸化した物質からの発光特性を測定することで堆積されたものの物質が何であるかを間接的に調べることができます。ちなみに、炭素を酸化しても二酸化炭素としてガスになり蒸発してしまうので、酸化後の物質がそのまま残り、紫外域で発光することを確認すればよいことになります。ここで、金属ナノ微粒子の酸化はレーザアニーリング法により

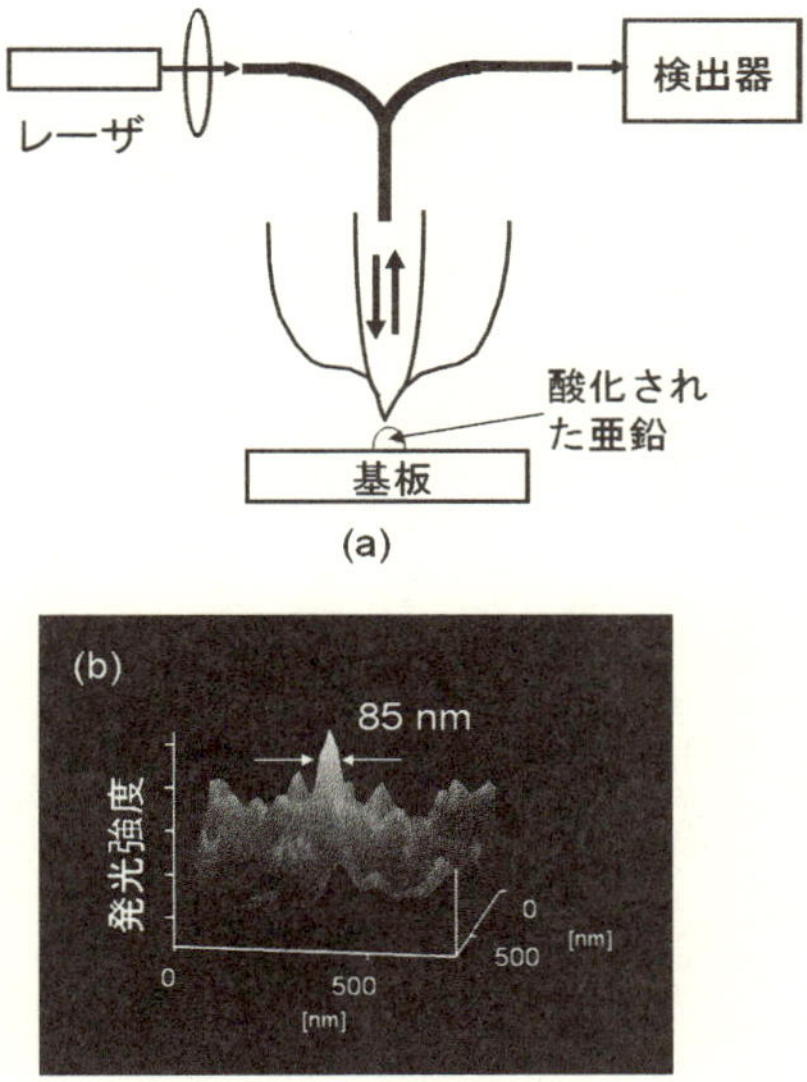

図 7.5　(a) 照射・集光モードによる近接場顕微鏡の原理図、(b) 酸化された亜鉛からの紫外発光分布像

行いました[9]。これは、酸素雰囲気中で酸素に吸収する紫外光であるエキシマレーザ（波長一九三ナノメートル）を照射することにより行いました。酸素（O_2）は紫外線を吸収すると分解されたもの同士がくっついてオゾン（O_3）になります。このオゾンは、酸素よりも強力な酸化剤となるので、このような方法を用います。なお、微粒子を堆積したすぐ後に、この酸化を行い、さらにはこの酸化した物質の発光特性を調べるために、照射・集光モードによる近接場顕微鏡（図7・5(a)）を用いて（発光特性を調べるためのファイバは堆積に用いたものと同じものを用いた）酸化した微粒子の紫外発光像を観測しました（図7・5(b)）[5]。

この結果が示すように、紫外域での発光が観測されたことから、先に堆積されたものが亜鉛であることが裏づけられました。今回作製された ZnO は、大気中および室温中で化学的・熱的に安定な性質であり、さらに近年になって、p 型半導体の作製も報告されていることから[10]、チッ化ガリウムに匹敵する室温で動作する紫外発光素子としても期待されています。

第三節　ナノ加工中級編

大面積加工　その前に

前節では、小さい微粒子を任意の位置に堆積させるということでファイバを用いて近接場光を発生させ、そのプローブを走査することによって任意形状の物質を堆積する方法について説明しました。しかし、これらの堆積物の寸法制御には若干の困難があります。それは、堆積される物質の寸法はファイバ先端に発生する近接場光の広がりによって決まるので、堆積ごとのファイバの先端径によって、堆積される物質の寸法は決定されてしまいます。さらには堆積するときの原料ガスの量や、堆積に用いる光の強度などによっても堆積レートが変わってくるために、所望の寸法で制御することは困難になります。さらには、このような手法はいわば一筆書きの加工です。しかし、実用化のためには加工を高速化する必要があるため、基板面内全体での一括に加工することができれば非常に有利です。すでに近接場光を用いたリソグラフィ(11)ではプローブを排除しフォトマスクを用いて近接場光を発生させ、フォトマスク一面で一括加工を行っています。また、近接場光の特徴を積極的に使うとさらに新しい（伝搬光を用いたのでは不可能な）加工、つまりより高い精度で寸法を制御し、大面積に一括で堆積すること、が可能となります。これを実現するための原理実験について紹介します。

一例として、前節で説明した光ＣＶＤ法において、図７・６に示すように近接場光１によって堆積しながら近接場光２を基板に照射すると、堆積した物質は特定の寸法になったときに脱離（一度基板に付着したものが飛んでなくなる）を開始します。この脱離開始に必要な光エネルギーの吸収過程が、物質の大きさに依存して共鳴的に強くなる現象を示すため(12)、堆積が進行する過程において堆積物質が近接場光２の光のエネルギーによって決まる寸法まで大きくなると脱離が始まり、近接場光１による堆積と近接場光２による脱離との釣り合いにより成長が停止します(13)。

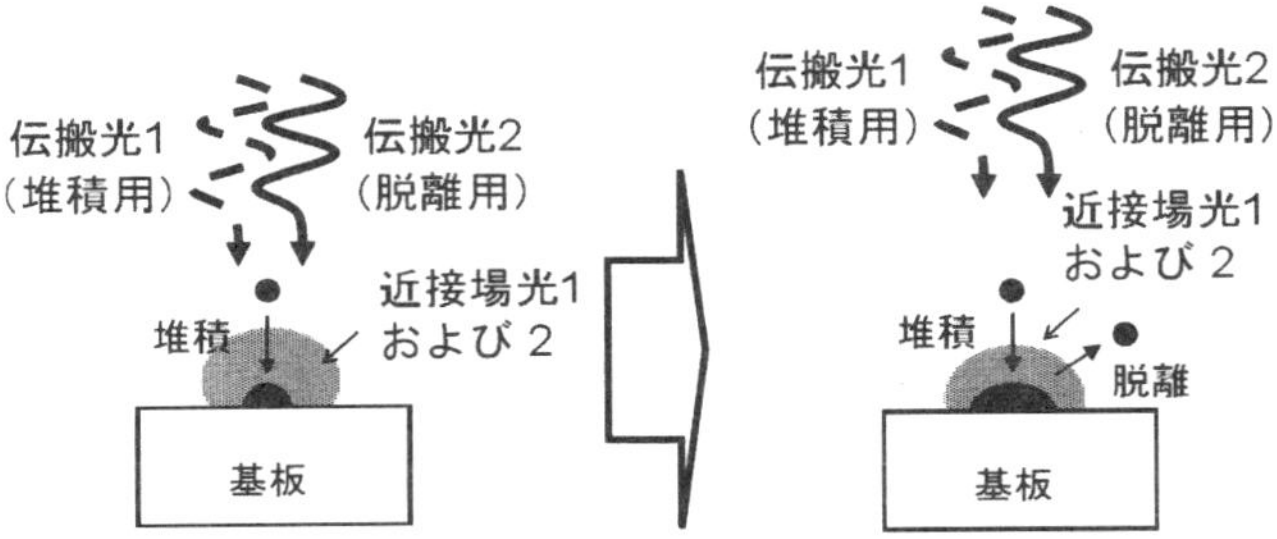

図 7.6　物質寸法に依存する光脱離法による寸法制御の原理図

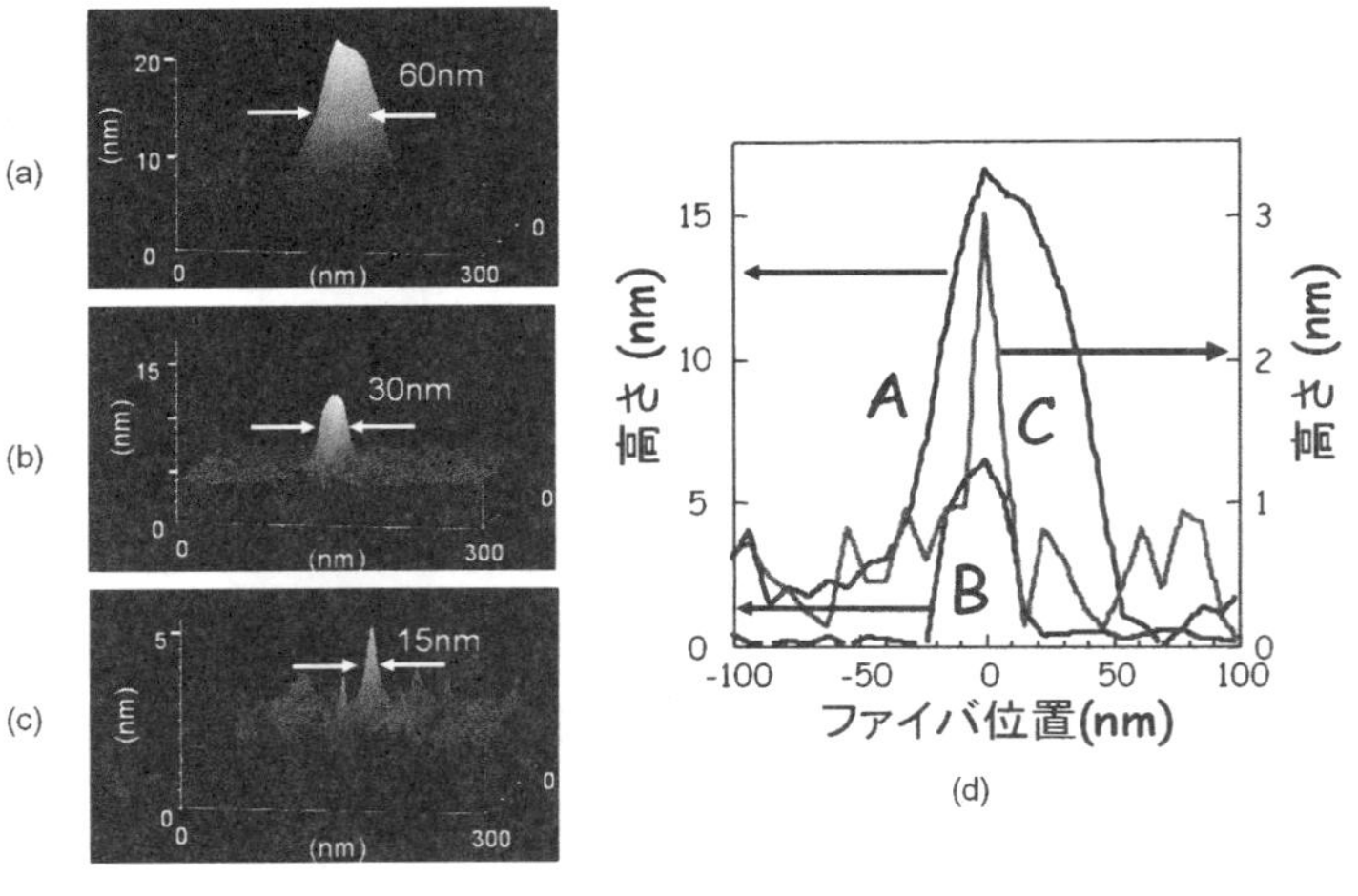

図 7.7　(a)～(c) 物質寸法に依存する光脱離法により作製された亜鉛微粒子の形状像、(d) 曲線 A、B、C はそれぞれ図(a)、(b)、(c)の断面図

これにより堆積物質の寸法を高い精度で制御することが可能となります。この原理を用いた実験結果を図7・7(a)~(c)に示します。これはファイバプローブ先端に発生する近接場光によりサファイヤ基板上に亜鉛を堆積した実験結果で、堆積用の近接場光1を発生させる光源波長はいずれも三二五ナノメートルです。一方で、脱離用の近接場光2には波長三二五ナノメートル（図(a)）、四八八ナノメートル（図(b)）、六三三ナノメートル（図(c)）の光を使っています。すべての光源をそれぞれ六〇秒間照射し、堆積された亜鉛微粒子の形状像を測定した結果、寸法は照射された光のエネルギーに依存して変化しており、それぞれの断面図より半値全幅として、それぞれ六〇ナノメートル、三〇ナノメートル、一五ナノメートルとなっていることがわかります⑭。

このように、同じ大きさの近接場光の広がりをもつファイバから、照射する光の波長を変えるだけで、堆積される物質の寸法を制御することが可能であるということがわかったのです。この際得られる寸法は光の波長によって決まるので、非常に高い精度で制御が可能となりますし、そもそも堆積のためにファイバがなくても寸法制御された微粒子を並べることが可能になるということで、次節の応用編に話は続きます。

第四節　ナノ加工応用編

前節までに、ナノ物質を使った加工の基本的な現象について説明しました。本節では、これを

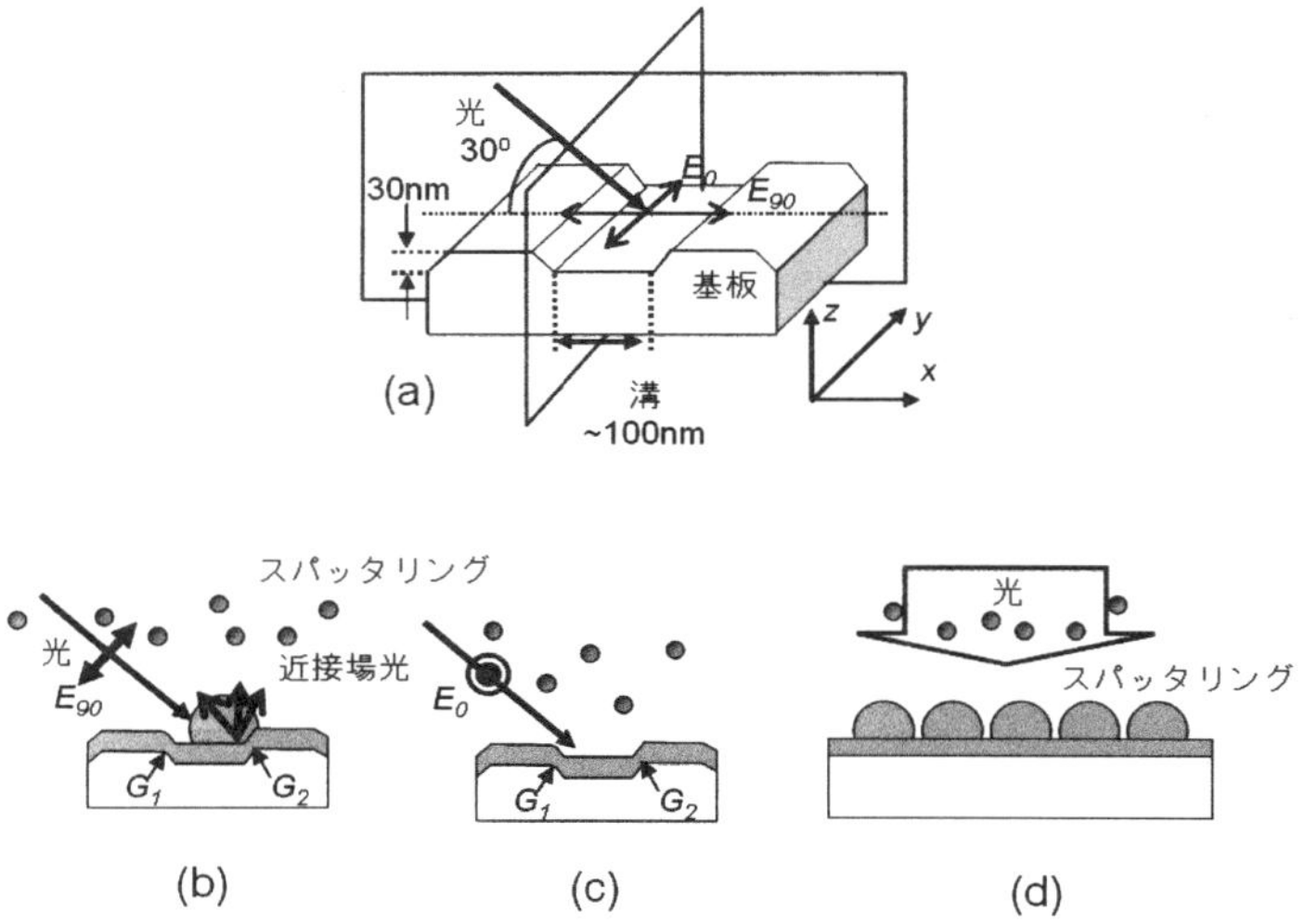

図 7.8　物質寸法に依存する光脱離法を用いた微粒子列作製の原理図。(a) 堆積前加工基板、(b)および(c)は(a)の ***xz*** 平面図であり、それぞれ溝に対して垂直および平行偏光による入射、(d) (a)の ***yz*** 平面図

応用して大面積加工につなげるための技術について説明します。

レーザ照射スパッタリング法による自己組織的配列

前節で紹介した光脱離法は、一般的な現象であるので光化学気相堆積法以外のさまざまな微細加工法にも応用が可能となります。そこで、薄膜を成長させる方法の一種であるスパッタリング法を例にとり、金属微粒子列の自己組織的作製を紹介します。ここでは、堆積された微粒子を脱離するための近接場光発生用として、一部にナノ寸法の微細パターンをもつ基板を用います（図7・8(a)）。スパ

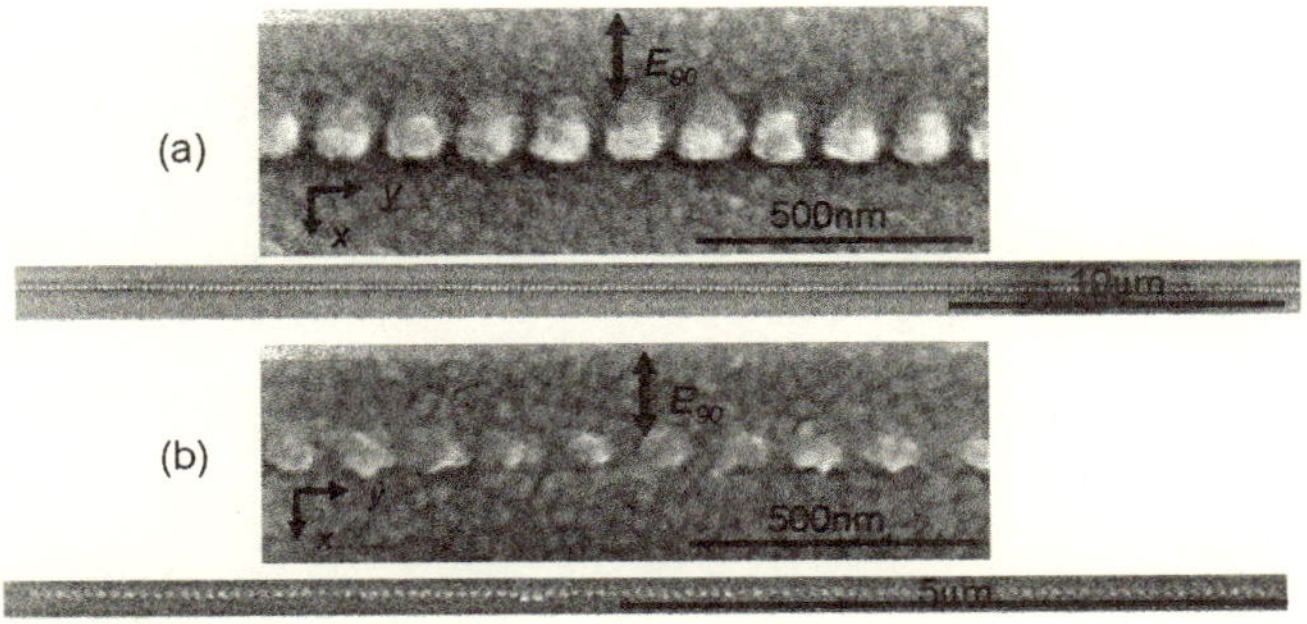

図 7.9　物質寸法に依存する光脱離法により作製されたアルミニウム微粒子列の電子顕微鏡写真。照射光エネルギー (a) 2.33 eV、(b) 2.62 eV

ッタリングの際に基板の溝に対して垂直な偏光の光を照射すると（図(b)）、このパターンの端部に局所的に強い近接場光が発生します（なお、ここで、基板の溝に対して平行な偏光の光を照射すると（図(c)）強い近接場は励起されません）。ここで発生し近接場光がスパッタリングによる堆積中に脱離を発生させ、寸法の制御された微粒子が微細パターン近傍に自動的に形成されます（図(d)）。その後引き続き伝搬光照射を続けても、この微粒子の表面では脱離の効果により寸法が大きくなることはできないため、微粒子同士が繋がることなく第二の金属微粒子が高い寸法制御性にて形成される。これが繰り返され、最後には寸法制御された金属微粒子の列が自己組織的に形成されることになるのです(15)。

　以上の手法により、ナノ寸法の溝を有するガラス基板上に形成されたアルミニウム微粒子列の堆積結果を図7・9に示します。図(a)、(b)はそれぞれ二・三三、

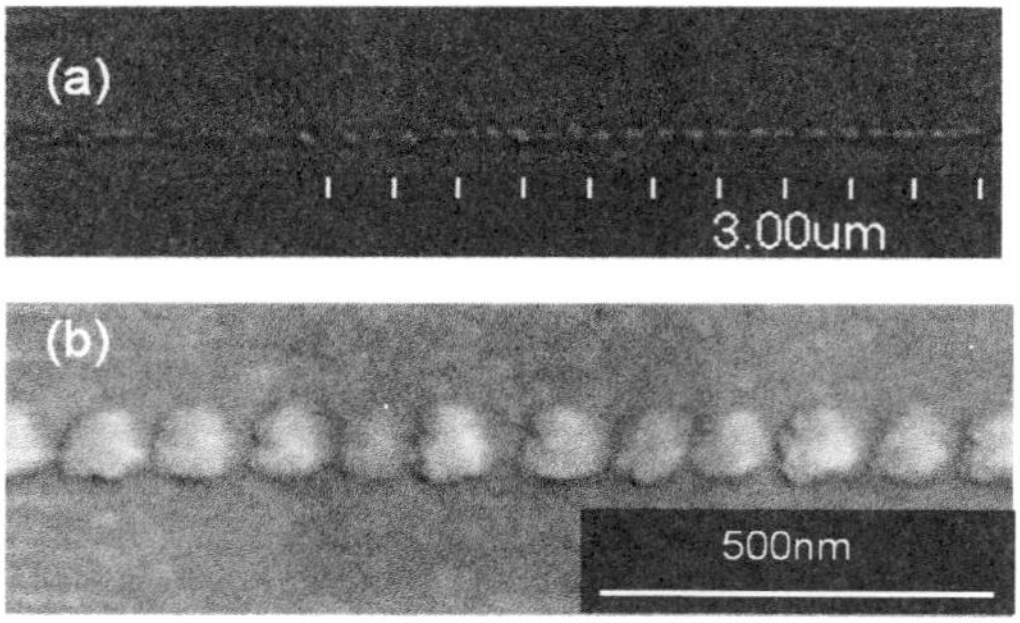

図 7.10 物質寸法に依存する光脱離法により作製された (a) 金、(b) プラチナ微粒子列の電子顕微鏡写真

二・六二電子ボルトのエネルギーをもつ光により堆積された結果で、九九・六ナノメートルの直径で二七・九ナノメートル間隔（図(a)）、八四・二ナノメートルの直径で四八・六ナノメートル間隔（図(b)）のアルミニウム微粒子列が一〇〇マイクロメートル以上にわたって寸法と間隔が揃って堆積されていることがわかります。この結果からわかるように、得られた微粒子の寸法は照射した光のエネルギーに応じて変化しており(99.6 nm×(2.33/2.62)＝88.5 ~ 84.2 nm)、本手法の高い制御性が示されている結果であるといえます。また、本手法で用いたスパッタリングによってさまざまな金属を堆積することは可能であり、これまでに金およびプラチナ（図7・10）の堆積時にそれぞれ六三三ナノメートルおよび五三二ナノメートルの光を照射することで、直径約一〇〇ナノメートルの半球状の微粒子がアルミニウムの結果同様全長一〇〇マイクロメートル以上にわたって一列に形成されている結果が得られています。

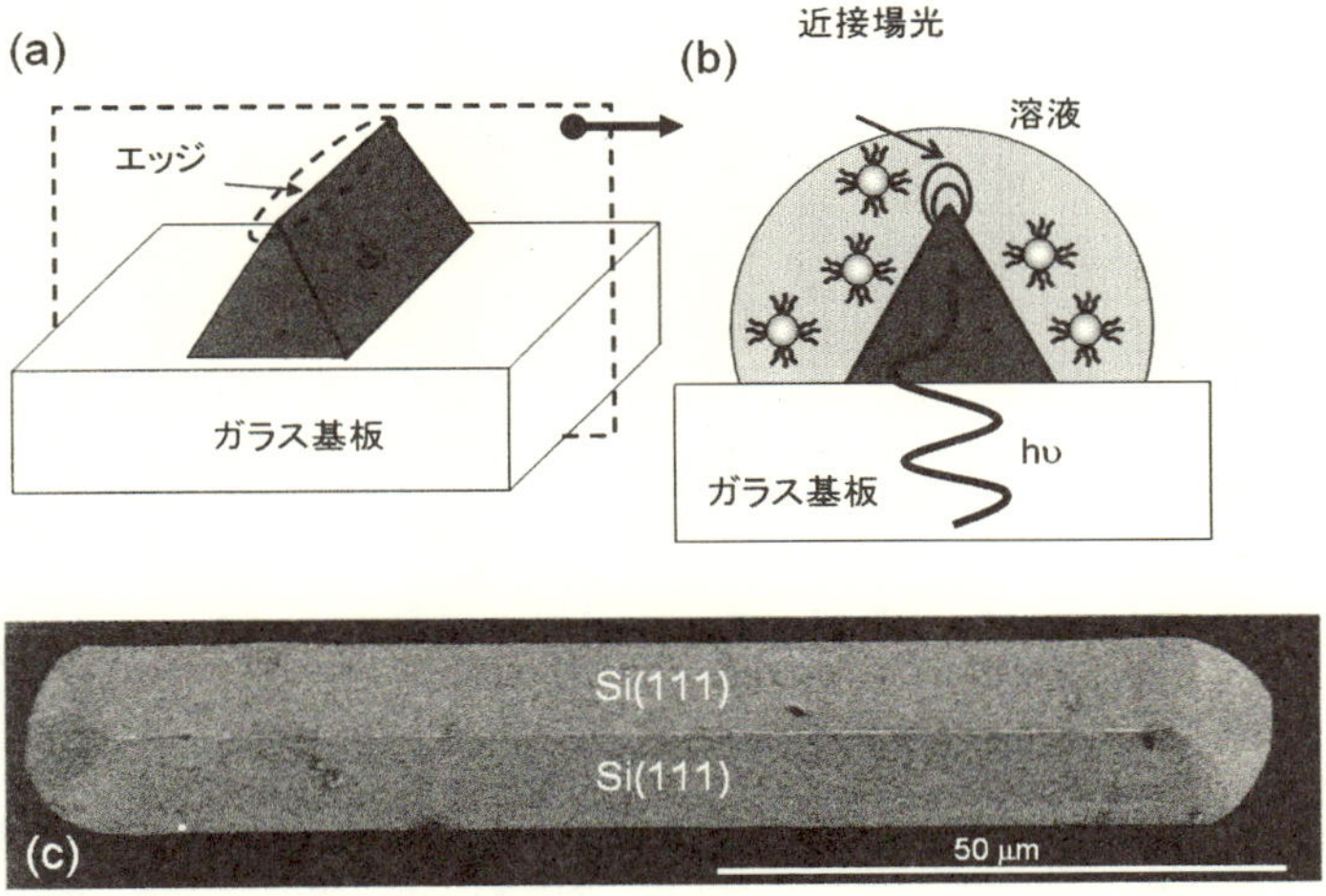

図 7.11　(a)、(b) 近接場光を用いた金微粒子配列手法、(c) 使用したシリコンウェッジの電子顕微鏡写真

ここで少し発想の転換

前節では、いわば寸法がゼロのものから堆積を行い、特定の寸法で近接場光誘起の脱離効果により成長を止め、均一粒径微粒子を一括で作製可能であることを紹介しました。その一方で、近年の化学合成技術の発展により、粒径の揃った誘電体[16]や金属[17]、さらには半導体微小球[18]の作製が容易に可能となっています。このような微粒子の配列についても、近接場光の技術を用いることで、位置を制御して配列させることが可能となります[19]。

　ナノ微粒子として、塩化金酸の還元により合成した平均直径二〇ナノメートルの金コロイド粒子を用いました。この手法によって得られる、金コロイド表面にはカルボキシル基が付着しているため、微粒子同士の反発が発生し、高濃度に配列させることは困難になります。そこで、この金微粒子の凝集を発生させるために、金微粒子に発生する近接場光による脱離現象を利用します。金ナノ微粒子は可視光に対して強い吸収を有するので、このエネルギーにより金コロイド表面のカルボキシル基の脱離が誘起されて、金コロイドの凝集が発生すると期待されます。さらに、コロイドの凝集位置を選択的に行うために、基板として高さ一〇マイクロメートルのシリコンウェッジ構造（図7・11(a)）を用いました。ここで、シリコンウェッジ構造は、屈折率が非常に高いことから光は強くシリコン内部に閉じ込められる。さらにはテーパ形状となっているために根本から照射するとウェッジ先端のみに近接場光が発生し、金コロイドの選択的な凝集が期待されます。この際に、凝集を起こすために溶液側から光を照射すると、溶液中における凝集により制御性が低くなるため、基板側から光を照射します（図(b)）。ここでは、シリコン基板中での光吸収を低減させるために、シリコンウェッジをガラス基板に陽極接合した基板（図(c)）を用いています。

この基板に対して、まず〇・〇〇一％に希釈した金微粒子溶液を、光を照射せずに塗布した結果を図7・12(a)、(b)に示します。この結果から、基板の凹凸構造に対して選択性が低いことがわかる。これに対して、金微粒子溶液を塗布する際に、ウェッジに対して垂直および平行偏光の光を導入して塗布した結果を図(c)および図(d)に示します。これらの結果に示されるように、光を照射することで、ウェッジのエッジ部分に近接場光が誘起され、ここに微粒子が選択的に凝集

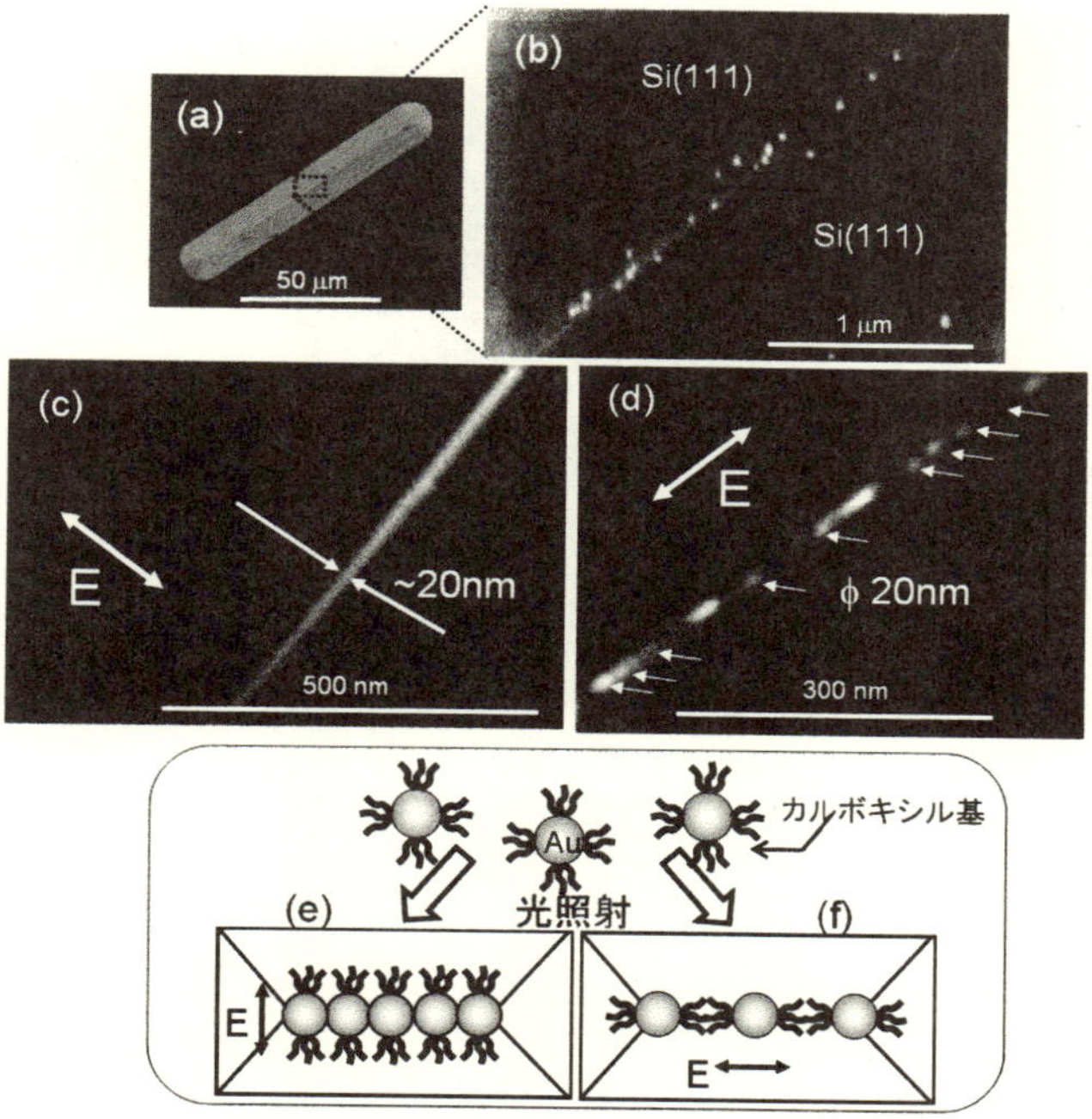

図 7.12　シリコンウェッジの電子顕微鏡写真：(a) 無照射、(b) 無照射（(a)の拡大図）、(c) 垂直偏光、(d) 平行偏光。近接場光誘起による金微粒子配列の原理図：(e) 垂直偏光、(f) 平行偏光

し配列している様子がわかります。さらには、偏光方向によって凝集の様子が変化するという興味深い結果が得られました。このような差異は、金微粒子における残留カルボキシル基の影響であると考えられています。つまり、垂直偏光の場合には、凝集する方向に対してカルボキシル基が脱離しているために凝集が発生した（図(e)）のに対して、平行偏光ではカルボキシル基の残存

により凝集が妨げられた(図(f))ということが現在考えられている説です。

第五節　ナノテクの先を目指して

本章では、ナノフォトニクスにおいてのみ実現可能な現象と、それを用いてナノ寸法の精度をもちつつもマクロな構造が作製可能な近接場光加工について解説しました。これらの手法により作製された金属微粒子列は、近年ナノ寸法のビーム径を有するナノ寸法光導波路[20]として注目されており、高機能新規デバイスとしての応用が期待されています。

さらに、いずれの手法も光化学反応を利用したものであるため、ここで示した金属微粒子以外に半導体微結晶の作製・配列にも応用可能でしょう。さらに、形状に起因して局在する近接場光の性質を用いることは、これまでナノ寸法加工に必要とされていたプローブやマスクが不要となるため、多品種多量生産が求められる将来の社会的要求に応えられる革新的な技術と考えられています。

参考文献

(1)　P. B. Fischer and S. Y. Chou, Appl. Phys. Lett., **62**, 1414 (1993)

(2) D. J. Ehrlich, R. M. Osgood, Jr., and T. F. Deutsch, J. Vac. Sci. Tech., **21**, 23 (1982)
(3) Y. Yamamoto, M. Kourogi, M. Ohtsu, V. Polonski, and G. H. Lee, Appl. Phys. Lett., **76**, 2173 (2000)
(4) C. J. Chen and R. M. Osgood, Chem. Phys. Lett., **98**, 363 (1983).
(5) T. Yatsui, T. Kawazoe, M. Ueda, Yamamoto, M. Kourogi, and M. Ohtsu, Appl. Phys. Lett., **81**, 3651 (2002)
(6) J. Lim, T. Yatsui, and M. Ohtsu, IEICE Trans. Electron. **E-88C**, 1832 (2005)
(7) Y. Yamamoto, M. Kourogi, M. Ohtsu, G. H. Lee, and T. Kawazoe, IEICE Trans. Elect., **E85-C**, 2081 (2002)
(8) D. Leonard, M. Krishnamurthy, C. M. Reaves, S. P. Denbaars, and P. M. Petroff, Appl. Phys. Lett., **63**, 3203 (1993)
(9) T. Aoki, Y. Hatanaka, and D. C. Look, Appl. Phys. Lett., **76**, 3275 (2000)
(10) A. Tsukazaki, A. Ohtomo, T. Onuma, M. Ohtani, T. Makino, M. Sumiya, K. Ohtani, S. F. Chichibu, S. Fuke, Y. Segawa, H. Ohno, H. Koinuma, and M. Kawasaki, Nature Materials, **4**, 42 (2005)
(11) T. Ito, M. Ogino, T. Yamada, Y. Inao, T. Yamaguchi, N. Mizutani, and R. Kuroda, J. Photo. Sci. Tech., **18**, 435 (2005)
(12) C. Sönnichsen, T. Franzl, T. Wilk, G. von Plessen, J. Feldmann, O. Wilson, and P. Mulvaney, Phys. Rev. Lett., **88**, 077402 (2002)
(13) K. F. MacDonald, V. A. Fedotov, S. Pochon, K. J. Ross, G. C. Stevens, N. I. Zheludev, W. S. Brocklesby, and V. I. Emel'yanov, Appl. Phys. Lett., **80**, 1643 (2002)
(14) T. Yatsui, , S. Takubo, J. Lim, W. Nomura, M. Kourogi, and M. Ohtsu, Appl. Phys. Lett., **83**, 1716 (2003)
(15) T. Yatsui, W. Nomura, M. Ohtsu, Nano Lett., **5**, 2548 (2005)

(16) R. Micheletto, H. Fukuda, and M. Ohtsu, Langmuir, **11**, 3333 (1995)
(17) Y. Sun and Y. Xia, Science, **298**, 2176 (2002)
(18) A. P. Alivisatos, Science, **271**, 933 (1996)
(19) T. Yatsui, W. Nomura, and M. Ohtsu, IEICE Transactions on Electronics, **E 88-C**, 1798 (2005)
(20) W. Nomura, T. Yatsui, and M. Ohtsu, Appl. Phys. Lett., **86**, 181108 (2005)

第八章　ナノフォトニクスで始まる光情報通信の新展開

成瀬　誠

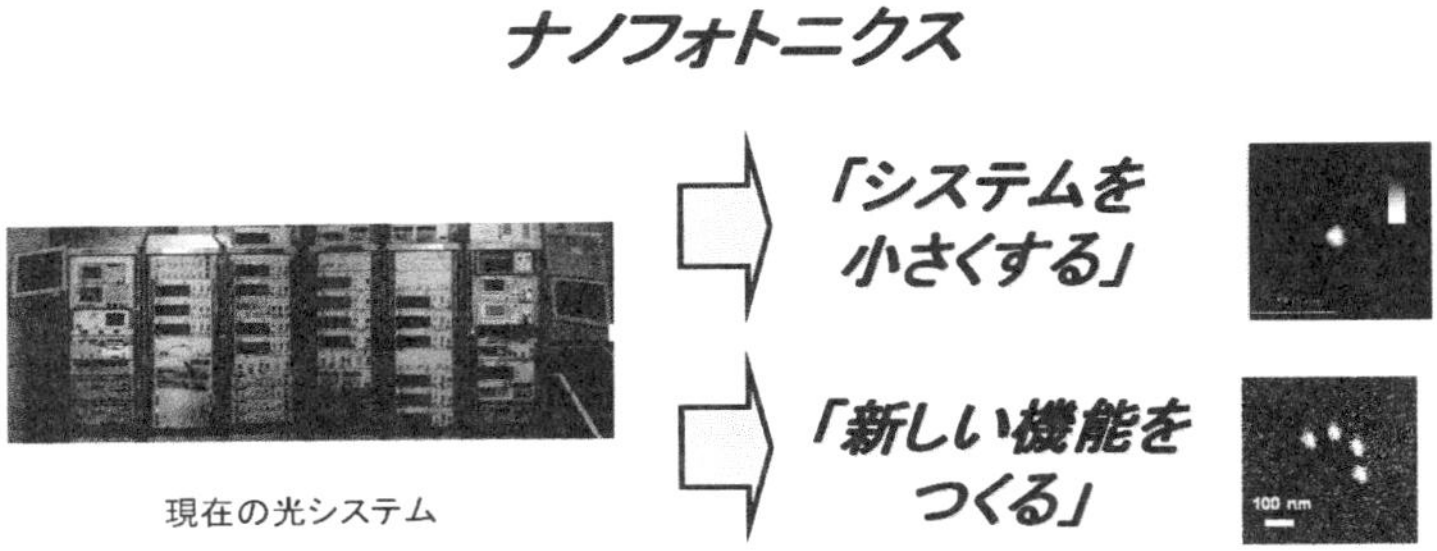

図 8.1　ナノフォトニクスからシステムへ。(a) システムを小さくする、(b) 新しい機能をつくる

第一節　情報通信システムから見たナノフォトニクス

回折限界のため、光はおよそ波長の寸法以下にはならないので「光は大きい」といわれてきました。この問題は光情報通信の世界でも本当に切実で、たとえば図８・１の左の写真は筆者所属のグループで開発されているいわゆる光ルーターの実験システムですが、一目ですぐにわかるように最大の課題の一つは集積化です。ところで電子技術の歴史を振り返ると、真空管から半導体トランジスタへの変化で、建物サイズの電子計算機は手のひらサイズのコンピュータへと革新的な進化を遂げました。まさにこれの「光版」、つまり大きな伝搬光から小さな近接場光へというイメージで、光システムのコンパクト化を考える。このあたりを入り口に、まず第二節で「システムを小さくする」という視点での研究開発を紹介します。システムの小型化は省エネ

というもう一つの量的基軸の主要な課題とも関係するのでなお重要なのですが、システムから見えるナノフォトニクスの切り口は、実はそればかりではありません。機能的に新しい展開、少し抽象的にいえば、ナノフォトニクスではじめて可能になる基本アーキテクチャの研究が、既存技術との差異化のためにも重要です。そこで第三節では「新しい機能をつくる」という視点でナノフォトニクスの意義を掘り起こします。

第二節　システムを小さくする

ここでは手始めに、「キーワードを入力して、それにマッチしたデータを出力する」という、いわゆる検索の問題を考えてみましょう。図８・１の光ルーターでは、この検索機能を高速化したいために光の速度で動作するデバイスが使われています。この場合の入力はパケットの宛先アドレス、出力はパケットの出口アドレスとなります。一般にこのような検索の実現のためには、ＡＮＤ演算のほかに次の二つのことが重要です。

まず、通常入力信号は複数のビットから成り立っているので、単に個々のビットのマッチ／非マッチを明らかにするだけでは不十分で、それらビットの全体に対して評価結果を得る必要があることです。これは当たり前のことですが、検索や相関演算の基本になっていて、このことを①グローバルな評価機構（summation）が要請される、といいます。

もう一つの問題は、これも当たり前ですが、入力データはデータベース内の複数のデータと比較照合されることです。これを②データの同報機構（broadcast）が要請される、といいます。仮に①を回折限界以下のナノ空間に集積できたとしても、これらが大量に存在する超並列システムとして全体を機能させる必要があります。ここでナノスケールの膨大な数のデバイスへの配線をどうするのか、という重要な問題が浮かび上がります。

ところで①、②の機能には、実際には伝搬光が大変適していて、これまでの光システムで決定的な役割を果たしてきました。つまり、伝搬光の文字どおりの伝搬特性のために、レンズや光導波路で自然に実現できていたのです。ところがその重大な問題の一つが回折限界で、機能を詰め込むためには全体サイズが非現実的に大きくなってしまう、というわけです。

もう一つ、既存の光システムを構築する上でとても大事なことがありました。それは、光の伝搬経路途中で反射があってはならない、ということです。少し難しい言い方ですが、光には化学ポテンシャルがないので、どこかで反射があれば、その反射はどこまでも跳ね返っていきます。そのため、本来の信号と反射の信号が混じり合ってシステムの振る舞いがおかしくなってしまうのです。これは情報処理の一方向性の問題といわれます。このような、従来の光システムでほとんど無意識のうちになされているさまざまの技術というかテクニック（分波したり無反射コーティングをしたりすること）は、ナノフォトニクスの出現によって、「従来の光では」というように相対化されることになります。ではナノフォトニクスの場合にシステムの基本原理はどうなるのか？　このような根底からのシステム論の再構築が必要です。

　さて、とりあえずsummationとbroadcastの問題に戻りましょう。近接場光の特徴は光が伝搬しないこと（局在性）なので、物理的な局在性に依拠しつつも、機能的には、データをまとめたり（summation）、データを配ったり（broadcast）といったいわば大域性を達成することが基本的な問題の一つになります。そこで以下では、近接場光の次の二つの特徴、①近接する量子ドット間のエネルギー移動、②このエネルギー移動は従来の伝搬光では禁制であること、を活用したシステムを示します。

　まずsummationですが、近接する量子ドット間の近接場光相互作用を用いて、特定の量子ドットへ信号（励起子）を移すことができることに着目します。たとえば、大きさが $\boldsymbol{a}$ の量子ドットと大きさが $\sqrt{2}\,\boldsymbol{a}$ の量子ドットの間には共鳴準位が存在し、この共鳴準位間の近接場光相互作用を介して小さなドットに発生した信号は大きなドットへ移動することができます[1]。そこで、小さなドットが大きなドットを取り囲む構造を取れば、小さなドットに存在する信号は大きなドットへ移動できます。これにより積算機構 $\Sigma \boldsymbol{x}_i$ は適当なサイズの量子ドットの適当な配置によってナノスケールで実現されることになります。積算の対象となるデータ $\boldsymbol{x}_i$ が二変数 $\boldsymbol{a}_i$、$\boldsymbol{b}_i$ の積であれば、全体として内積演算 $\Sigma \boldsymbol{a}_i \cdot \boldsymbol{b}_i$ が実現されます。

　ここで、励起子の移動機構を少し詳しく説明すると次のようになります。大きさ $\boldsymbol{a}$ の量子ドットQD$_A$と大きさ $\sqrt{2}\,\boldsymbol{a}$ の量子ドットQD$_B$間では共鳴準位（QD$_A$の（1,1,1）およびQD$_B$の（2,1,1）

が存在して、この準位を介してQD_Aの励起子はQD_Bへ移動し、QD_Bの下準位（1,1,1）に遷移します。いったんQD_Bの下準位に落ちれば、もとの準位には戻れないので、信号の一方向性がこれで決まっていることがわかります。また、エネルギーの散逸はQD_Bの上準位（2,1,1）から下準位（1,1,1）へ移るときだけなので、既存の光技術やコンテントアドレッサブルメモリチップ（検索専用ＬＳＩ）に比べて消費電力が極めて小さいことも特徴になります。QD_Bの下順位が出力信号に関与しますが、ここで、QD_Bの下準位が他のドットからの信号によってすでに占有されているときはエネルギー移動が許されません。しかし、QD_Bの下準位が空くまでQD_AとQD_Bの上準位の間において励起子が行き来を繰り返す現象（章動現象）が起きるため、最終的には励起子はQD_Bの下準位へ移動できます。このように、信号の双方向性が部分的に許容されることもsummation 機構の基礎をなします。

図８・２(a)のCuCl量子ドットを用いた原理実験では、三系統の異なる周波数の入力光（三八一・三ナノメートル、三七六ナノメートル、三二五ナノメートル）の組み合わせに対する出力信号（三八四ナノメートル）が示されています。入力信号の数に応じた出力信号が得られており、また回折限界以下のスケールに集積されている様子がわかります[2]。

次に、入力データは前述のように同報（broadcast）されなければなりませんが、もしそのために個別の配線が必要になれば、それに必要な物理的体積が深刻な制約になってしまいます。これをインターコネクションボトルネックといいます。ただしbroadcastの機能的意味に着目すれば、

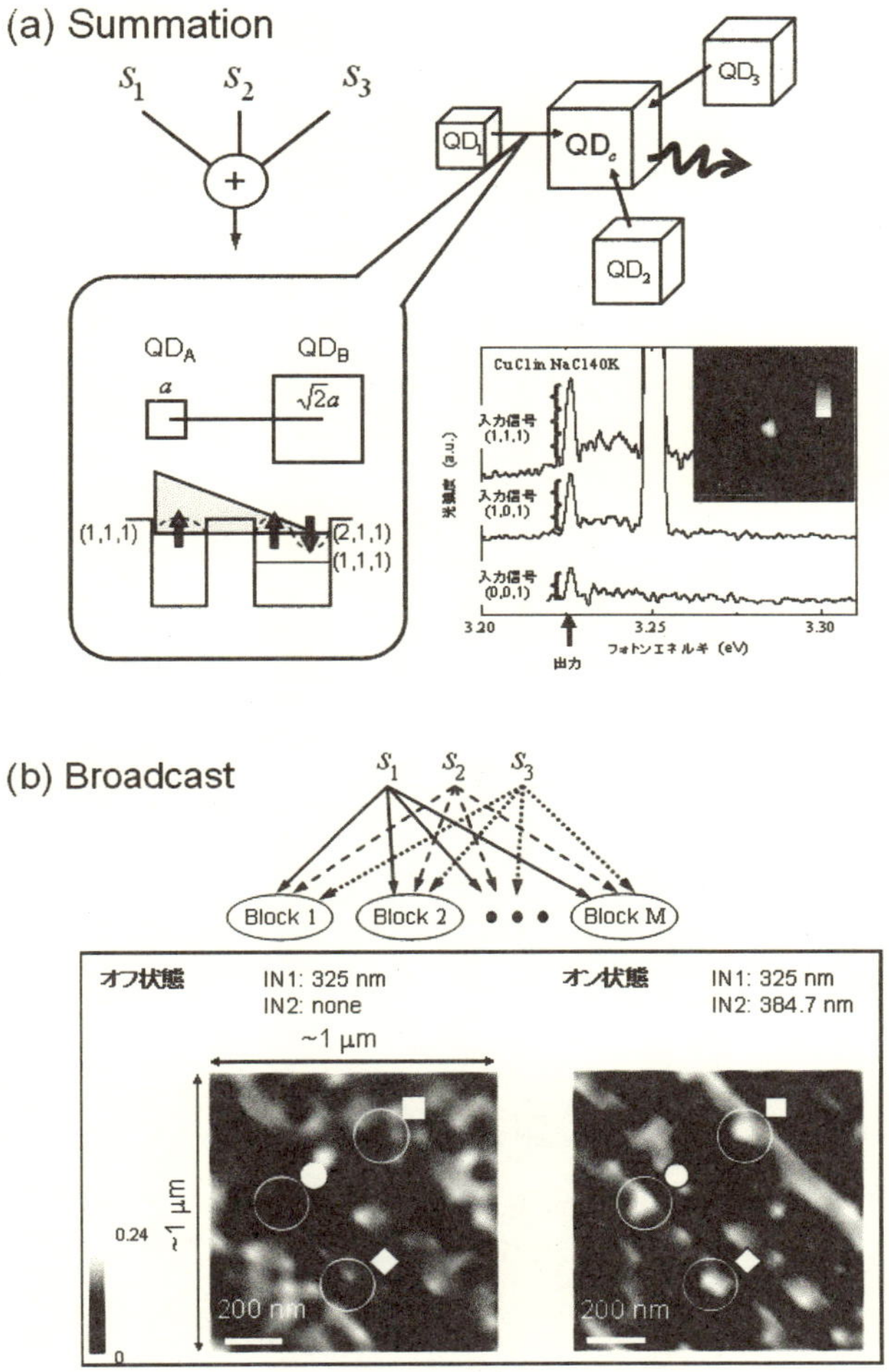

図 8.2　超高集積光信号処理。(a) 光ルーターのナノ化（summation の超高集積化)、(b) broadcast 型のインターコネクション

前記の励起の移動機構は伝搬光では禁制であることを活用できます。たとえば、QD_Bの上準位(2,1,1)は伝搬光では励起することができないので(双極子禁制)、デバイス内部の動作に影響を及ぼさない適当な周波数の光を選べば、波長スケール程度の内部に存在する、複数の機能ブロックに対して一括してデータを供給することができます。図8・2(b)は、先と同じくCuCl量子ドットを用いた原理実験の例ですが、サンプル中に存在している複数の光スイッチ(■、●、◆)が全体に対して一様に照射された光で同様に動作しており、データのbroadcast機構が実現されていることがわかります[3]。

このようなsummationとbroadcast機構は非常に基本的な過程ですが、システムとしては、これによって「メモリベースアーキテクチャ」と呼ばれる計算の考え方の基本的要件が満たされたことになりますので、さまざまな展開が示唆されます。たとえば、冒頭では光ルーターを具体例にしましたが、もちろん入力と出力の対応関係は任意に定めてよく、さまざまな応用が可能になります。また、行列ベクトル演算と同一視もでき、実際、ドット間の近接場相互作用の強さを調整することでデジタルアナログ変換を得ることができ、これは実験的にも検証されました[4]。

このように、「ナノフォトニクスでシステムを小さくする」という取り組みは、基本原理の再構築を伴いながら、これまでの光システムの姿をまったく違う形へと変え始めています。

第三節　新しい機能をつくる

「励起移動」から耐タンパー性へ

第二節のシステムでは、近接場光相互作用を用いることで、集積性や省エネなどの量的基軸における優位性を達成していました。しかし、そこで原理となっていた信号の伝送過程そのものの性質の中に、従来の電子デバイスや電子システムとの大きな質的な違いが潜んでいます。これをデバイスのセキュリティー性の観点から議論してみましょう。

電子デバイスが備えるべき重要な特性の一つに、耐タンパー性、つまり、盗み見や偽造、複製のされにくさがあります。デバイスから漏れ出ている信号、たとえば漏洩電磁波や電力をもとに、デバイスの振る舞いが読めてしまうという恐ろしい事実があるのですが（「サイドチャンネル攻撃」と呼ばれています(5)）、電子決済やＩＣカードなど私たちの生活の根幹に関わる場面で電子デバイスはすでに広く使われているだけに、これはますます気がかりな問題です。

少しややこしい話になってしまいますが、既存の電子デバイスは、電源や負荷など外部（マクロ系）におかれたデバイスとの配線が必ず必要です（図８・３(a)）。ここで注目すべきは、「信号（情報）の流れ」は電子デバイスの中の電子の流れだけが関与しているのではなく、「デバイスの外側」での「電源から負荷へのエネルギーの流れ（散逸）」で確定するということです。逆にいえば、このような性質があるために、単にデバイスの外側での電力解析だけで電子デバイスの内部の様子を盗み見できてしまうのです。なんとも恐ろしいことです。

これに対して、近接場光相互作用における信号の流れはどうなっているのでしょうか。第二節での小ドットから大ドットへの励起の移動は、大ドットでのレベル間の遷移（サブレベル緩和といいます）で確定していました。エネルギーの散逸は局所的に起こっています。もしここで、この励起移動を盗み見しようと思えば、このサブレベル緩和をウォッチすればよいのでしょうが、これはドット周辺の物質のフォノン（光子振動）への非輻射緩和（光らない緩和）を見よ、ということですので技術的にはほぼ不可能と考えられます。量子ドットからの「本来の信号」のエネルギーの一部を奪う方法も考えられますが、そうすると「元システム」の信号が劣化しますので「盗み見」になっていません。

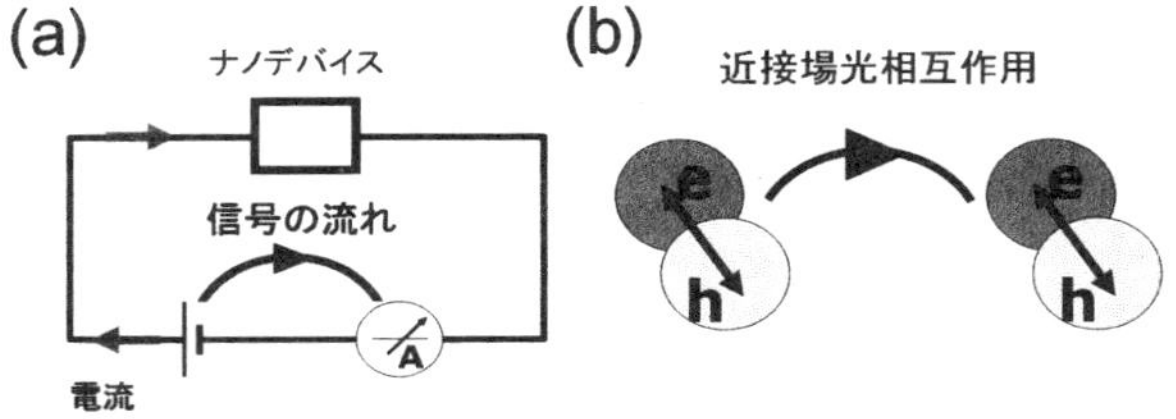

図 8.3 配線型デバイスから励起移動型デバイスへ。ナノフォトニクスの耐タンパー性

もう少し一般的には、図8・3のように「配線型デバイス」から「励起移動型デバイス」へ、というパラダイムシフトがもたらすメリットの一つとして、このようなナノフォトニクスの優れた耐タンパー性が導かれていることがわかります。そこで次の節では、「励起移動型デバイス」の

さらなる特性の一つである「階層性」を取り上げてみましょう。そこからも新しい機能への展開が見えてきます。

「階層性」から階層システムへ

近接場光相互作用による励起移動を考えるときの重要なポイントとして、第二章で示されているように「ナノ系と巨視系との境界線をどこに引くか」ということがありました。逆にいえば、同じ系でも境界線の引きようで異なる性質を示す、ということになります。このような性質を階層性と呼びます。

この階層性を用いたシンプルな機能の例として、「階層メモリ」があります。この階層メモリは、図8・4(a)のように、ある読み方をすると画像が読み出せて、また別の読み方をすると文字が読める、といった機能をもつメモリのことです。ここでの階層性の簡単で単純な説明は、二個の球の間の相互作用を用いるものなのでそこから少し入ってみましょう。二つの近接する微小球S（半径 r_S）とP（半径 r_P）の相互作用（双極子間相互作用といいます）によって発生する信号は、微小球のサイズが同一であるとき最も効率よく現れます。Pを観測用プローブ、Sを観測対象とすれば、サイズ大のPではそれより相対的に細かなスケールにおいて対象物Sを解像することはできませんが、Pと同等のスケールの量が結果として出力に反映されることになるわけです。このような極めてシンプルな原理に基づくだけで、たとえば下記のような階層システムを議論できます。

いま、回折限界以下のスケールにN個のスポットがあり、それぞれのスポットにはナノ粒子が配置され得るとしましょう。このとき、①各々のナノ粒子を解像可能な近接場光プローブを用いれば、N個のスポットでのナノ粒子の有無を検出できるので、最大2^N個の異なる情報が検出されます（「Near-mode」）。他方で、②これらN個のスポットの全体のスケールと同等のプローブで観測すれば、各スポットでのナノ粒子の有無を知ることはできませんが、全体として存在しているナノ粒子の個数に応じた信号を得ることはできます。したがって、この場合は検出される信号レベルは$N+1$とおりです（「Far-mode」）。つまり、観測のスケールに応じて、2^Nと$N+1$の情報のバリエーションが選択されることになり、したがってこれを情報の階層性（たとえば高解像度／低解像度、高品質／低品質、高セキュリティー／低セキュリティーなど）と関連づければ階層システムが構成されます。たとえば、2^N個の組み合わせのうち、その半数2^{N-1}にはナノ粒子を過半数以上、残りの半数2^{N-1}にはナノ粒子を過半数より小さくできるので、$N-1$ビット相当の情報をナノ粒子の配置で表現して、残り一ビットを全体の個数で代表させるような符号化によって、階層メモリシステムが構成されます。

実験の例が図8・4に示されています。図8・4(b)のように、半径二〇〇ナノメートルの円周上に直径八〇ナノメートルの金のナノ粒子を最大七個まで設置します。開口径五〇〇ナノメートルのプローブを用いた照射・集光モード測定（試料・プローブ間距離：七五〇ナノメートル）に

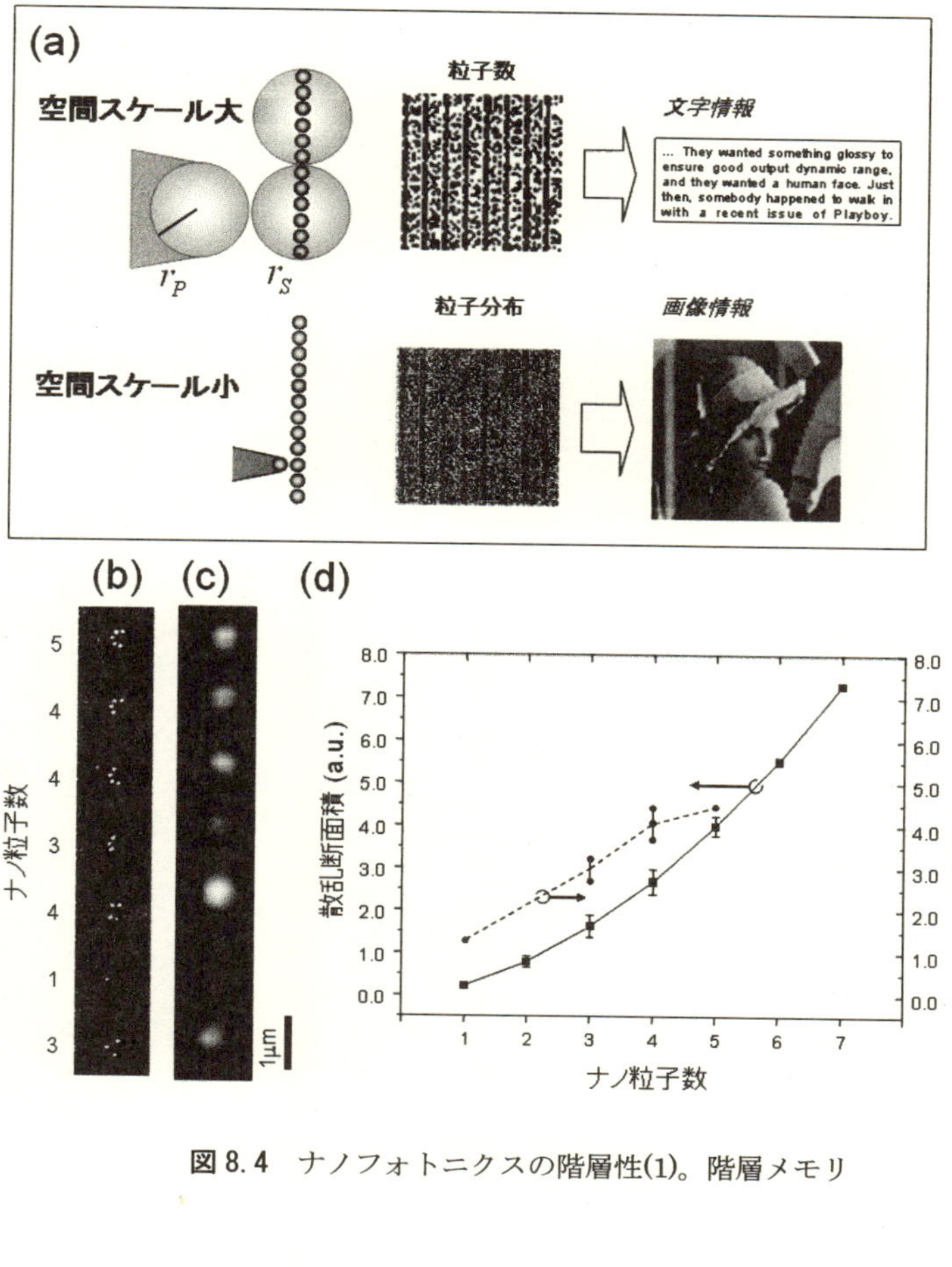

図 8.4　ナノフォトニクスの階層性(1)。階層メモリ

より、Far-mode信号は図(c)のように得られ、図(d)●のように粒子数に線形な信号が得られています。本結果は数値計算による散乱断面積のシミュレーション結果（図(d)■）とよい一致を示しており、階層システムの最も基本的原理を実証しています[6]。

さらに、単にナノ粒子の有無に基づくのではなく、たとえば電気双極子の向きのような新たな自由度を用いれば、階層性をさらにさまざまな形で出していくことができます。この議論はアンギュラー・スペクトル展開[7]を用いると大変見通しがよいのでその概略を示しましょう。

アンギュラー・スペクトル展開とは、光の伝搬成分、非伝搬成分の双方を「平面波」の重ね合わせとして表現する形式のことです。いま、ある電気双極子の配列があったとします。このシステムをどのようなスケールで眺めるか、が問題になるわけですが、アンギュラー・スペクトル展開は、「どの程度に空間的に細かい構造が」「どこまで伝わっているか」を明示的に取り扱っているので、まさにいまの階層性の議論に有効です。

たとえば、図8・5(a)のような位置・向きで配置された四個の電気双極子（$d^{(1)}$, $d^{(2)}$, $d^{(3)}$, $d^{(4)}$）があったとします。ここで、電気双極子に近接した同図中の点A_1、A_2におけるアンギュラー・スペクトルは図(b)のように空間周波数に対して振動します。これは、そこの点付近では光が局在していないことを表しています。一方、電気双極子に対して一定程度離れた点Bにおけるアンギュラー・スペクトルは、ある空間周波数においてピークを示しているので、点B付近における電場強度の局在を示しています。つまり、「近く」において信号レベル「0」となるにも関わらず、

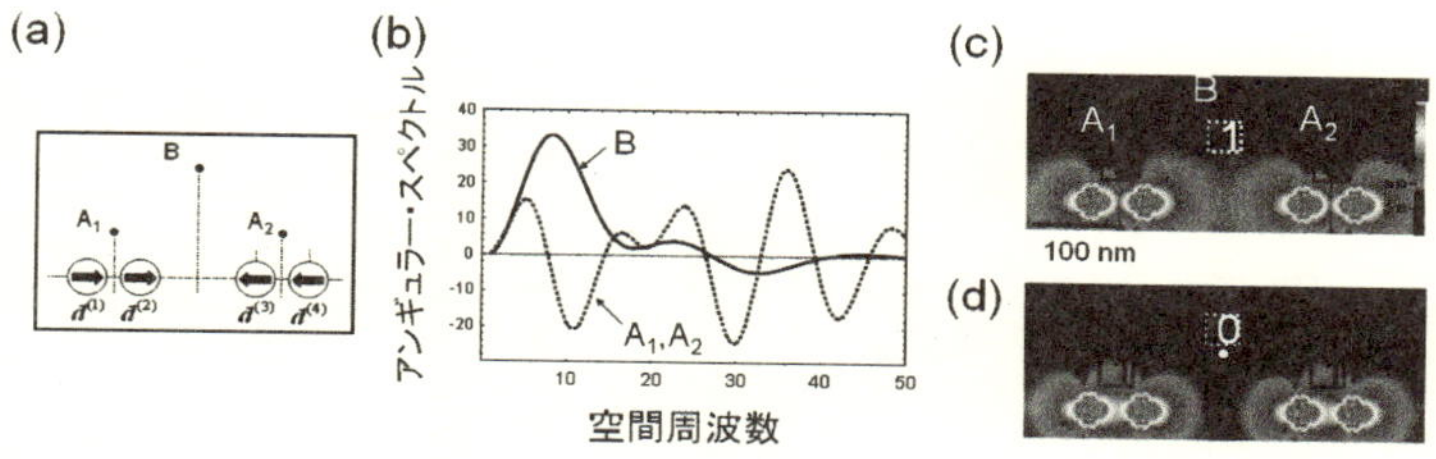

図 8.5　ナノフォトニクスの階層性(2)。アンギュラー・スペクトル展開とその応用

「遠く」において信号レベル「1」が実現されているのです。

実は、上記のような四個の電気双極子の配列は、観測点に対して支配的に影響を及ぼす電気双極子のペアを考えて、①これらの電気双極子を同じ向きとすれば、空間的対象性からアンギュラー・スペクトルが相殺して、②反対向きとすれば光が局在化する、③そして、「支配的な電気双極子のペア」は階層によって変わってくる、ということに基づいて設計されています。上の例と逆に、近くで「1」遠くで「0」という応答をもたせることも、アンギュラー・スペクトルの議論で自然に導かれます。図8・5(c)、(d)は、これらの確認のために時間領域有限差分法（FDTD法）と呼ばれる数値計算法で計算した電場強度分布ですが、アンギュラー・スペクトルから予測される傾向と一致していることがわかります。

このように、波長より小さいスケールで近接場光がスケール依存性をもっていることが、新しい機能へと結びついていることがわかります⑻。

「局所的散逸」から痕跡メモリへ

前項に示された階層性と、第二節と前々項でキーポイントになっていた局所的エネルギー散逸機構を合わせることで、「痕跡メモリ」という機能が示されています[(9)]。缶ジュースやペットボトルは、フタを見れば開封／未開封が立ち所にわかりますが、それと同じ機能を「情報」に対して物理的に実現しようというわけです。つまり、①デジタル情報の再生機能に加え、②情報へのアクセスのイベント自体の痕跡や履歴を自動的に物理的に覚えるシステムを考えるのです。これができれば、情報の機密性保証、デジタルデータの利用や流通における権利の保証（digital rights management (DRM)）、プライバシー保護などの応用につながります。

まず、痕跡記録能力は、第二節に示されたエネルギー移動機構で局所的にエネルギーが集まる状況を構築して、そのエネルギーの散逸に基づいて状態変化する材料をその構造の近傍に設置することで、光によるメモリアクセスの事実を痕跡として記録します。あるいは、金属の形状をナノスケールでうまく設計すると、その構造の一部の場所で選択的に強い電場が発生するので（電場増強）、これも痕跡記録の原理に結びつきます。

次に、デジタル情報再生ですが、前記の痕跡記録のための局所的エネルギー散逸機構を維持しつつ、異なる二個の信号を得る必要があります。ここで階層性を利用します。少し天下りですが、図8・6のように三角形の金のナノ構造を単位要素とし、これを同じ向きに配列したペア（形状Ⅰ）と逆向きに配列したペア（形状Ⅱ）を考えてみましょう。このとき、双方の形状とも三角形

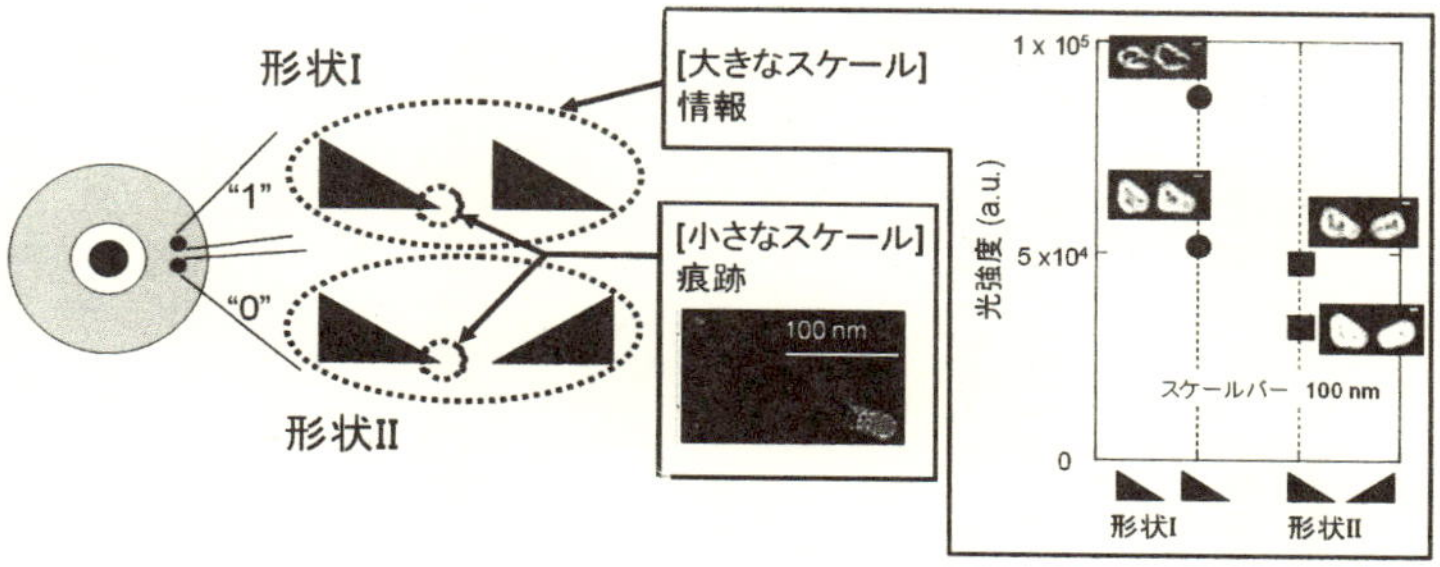

図 8.6　局所的エネルギー散逸と階層性から痕跡メモリへ

要素の頂角近傍で同程度に強い電場増強を示します。ところが、遠方では全体の形状に依存して異なる信号を示します。したがって、形状Iをデジタルデータ「1」、形状IIをデータ「0」と見なせば、痕跡記録能力を「小さなスケール」で確保しておきながら、「大きなスケール」で情報の再生が実現されます。

実験では金のナノ構造を作製して、「大きなスケール」での信号が構造の違いに応じて異なる様子を、開口径五三〇ナノメートルの近接場光プローブにより評価しています。図8・6のように、形状Iが形状IIより大きな応答を示していて、デジタルデータの再生と対応可能であることがわかります。

第四節　今後の展開

本章では、ナノフォトニクスのシステムに向けた取り組みの例を「システムを小さくする」「新機能をつくる」という二つの基軸を中心に紹介しました。今後の研究課題には、産業化・商業化のトピックスにおいても、基礎的・原理的トピックスにおいても、興味深い展開が期待されます。

まず前者ですが、たとえば第二節の原理実験では CuCl 量子ドットが用いられていましたが、これは室温での化学的安定性などに問題があるため実システムとして用いるには多大な問題があります。しかしながら、最近のナノ構造作製技術の進歩を背景に、室温動作も可能な半導体量子ドットやナノロッド技術、また形状制御技術の完成度は急速に高まっています。すでに実証された原理は、より具体的なビジネスモデルの中での位置づけと、デバイス完成度の向上のステージに入っているように考えられます。

次に後者ですが、第二節の「小さくする」も第三節の「機能をつくる」もそうなのですが、実はこのようなシステムの問題は、その根底で、未解決の物理の問題（たとえば、先ほどの散逸の問題は、開放系／非開放系の問題や、「先進波」（現在が未来からやってくる！）[10]などと関係しています）や、私たち一人一人の個性を成り立たせているような多様性（アイデンティティの問題）などなど、私たちの認識をシフトさせるような新しい世界観と密接に繋がっています。興味深い問題が芋づる式に出てきている状況といってよいでしょう。そこで、ここではその中の一例として「自由度の問題」に簡単に触れたいと思います。

ナノフォトニクスで我々が本来利用可能な自由度には、物質の位置、寸法、形状、材料など、物質そのものに関わる自由度のほか、光の偏光や磁場も含めた電磁場のベクトル性がありますし、さらには、「リソグラフィか自己組織化か」という加工技術における選択肢もあるでしょう。これらの自由度の組み合わせで、全体システムの自由度はさらに膨らみます。このような選択肢のそれぞれが真っ白な未踏世界になっていて、それぞれどのような新奇な機能と結びつくのか、その中で社会において価値をもつのはどのパターンか、を検討できます。また、このような自由度の多さ自体に、逆に、ナノフォトニクスの「価値」を見出すという戦略があります。たとえば、個別性、本物性、多様性を保証するようなセキュリティー、脳のような仕方で機能する認識・記憶デバイス、などなどです。

このように、ナノフォトニクスからシステムへの展開は、「システムを小さくする」「新機能をつくる」の双方で、ビジネスとの関連においても、世界の不思議を考え、そしてさまざまな知の世界の融合をまさに身近に感じさせて、強烈な学びの機会を与える舞台の意味でも、今後の進展はますます楽しみであると考えられます。

参考文献

(1) 大津元一、小林潔、「ナノフォトニクスの基礎」、オーム社（二〇〇六）
(2) M. Naruse, T. Miyazaki, F. Kubota, T. Kawazoe, K. Kobayashi, S. Sangu, and M. Ohtsu, "Nanometric summation architecture using optical near-field interaction between quantum dots", Optics Letters, **30**, 2, pp. 201-203 (2005)

(3) M. Naruse, T. Kawazoe, S. Sangu, K. Kobayashi, and M. Ohtsu, "Optical interconnects based on optical far- and near-field interactions for high-density data broadcasting", Optics Express, **14**, pp. 306-313 (2006)

(4) M. Naruse, T. Miyazaki, T. Kawazoe, K. Kobayashi, S. Sangu, F. Kubota, and M. Ohtsu, "Nanophotonic computing based on optical near-field interactions between quantum dots", IEICE Trans. Electron., **E88-C**, 9, pp.1817-1823 (2005)

(5) たとえば、http://www.cryptography.com/resources/whitepapers/DPATechInfo.pdf

(6) M. Naruse, T. Yatsui, W. Nomura, N. Hirose, and M. Ohtsu, "Hierarchy in optical near-fields and its application to memory retrieval," Optics Express, **13**, 23, pp.9265-9271 (2005)

(7) 堀 裕和、井上哲也、「ナノスケールの光学」、オーム社（二〇〇六）

(8) M. Naruse, T. Inoue, and H. Hori, "Analysis of Hierarchy in Optical Near-Fields Based on Angular Spectrum Representation", in Integrated Photonics Research and Applications/Nanophotonics 2006 Technical Digest (Optical Society of America, Washington, DC, 2006), NFB6

(9) M. Naruse, T. Yatsui, T. Kawazoe, Y. Akao, and M. Ohtsu, "Nanophotonic traceable memory based on energylocalization and hierarchy of optical near-fields", 2006 Sixth IEEE Conference on Nanotechnology (IEEE NANO 2006)

(10) 安久正紘、遅延波と先進波、O plus E, **27**, 12, pp.1423-1426 (2005)

ラ 行

ナ　行

ハ　行

マ　行

サ　行

タ　行

事項索引

ナノフォトニクス工学推進機構

ナノフォトニクスによる最先端科学技術の創出とその成果を速やかに産業技術として育成するために、研究者の育成・社会教育の推進・学術の振興・職業能力の開発・環境の保全を図りつつ、経済活動の活性化を図ると同時に豊かな情報社会の発展・科学技術の振興に貢献することを目的として、平成17年6月1日に設立された「特定非営利活動法人」です。
http://www.nanophotonics.info

《執筆者ー執筆順》

橋本正洋　(独)新エネルギー・産業技術総合開発機構　企画調整部部長

大津元一　東京大学大学院工学系研究科教授。工学博士（1978年）

成田貴人　日本分光(株)　赤外ラマン技術部次長

黒田　亮　キヤノン(株)　先端技術研究本部　先端融合研究所　フォトニクス研究部部長

西田哲也　(株)日立製作所　中央研究所主任研究員。工学博士（2006年）

川添　忠　(独)科学技術振興機構　SORST ナノフォトニクスチーム研究員。工学博士（1996年）

八井　崇　(独)科学技術振興機構　SORST ナノフォトニクスチーム研究員。工学博士（2000年）

成瀬　誠　(独)情報通信研究機構　超高速フォトニックネットワークグループ主任研究員、東京大学大学院工学系研究科特任助教授（客員）。工学博士（1999年）

ナノフォトニクスの展開

2007年4月6日　初　版

編　者…………………ナノフォトニクス工学推進機構
監修者…………………大　津　元　一
発行者…………………米　田　忠　史
発行所…………………米　田　出　版
〒272-0103　千葉県市川市本行徳 31-5
電話　047-356-8594
発売所…………………産業図書株式会社
〒102-0072　東京都千代田区飯田橋 2-11-3
電話　03-3261-7821

中央印刷・山崎製本所

ISBN978-4-946553-28-8　C0055